智能制造技术专业“十三五”规划教材
产教融合系列教程
应用型人才终身学习计划

EduBot 海渡教育集团

JJZ技皆知

智能力控机器人技术应用初级教程（思灵）

主　编　陈兆芃　张明文
副主编　王　倩　黎　田　王璐欢　黄建华

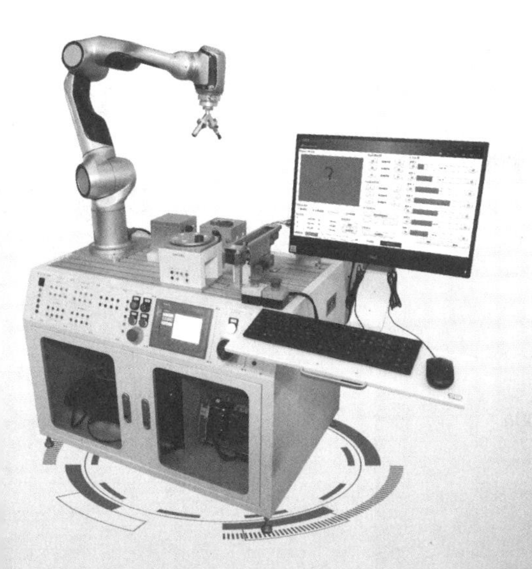

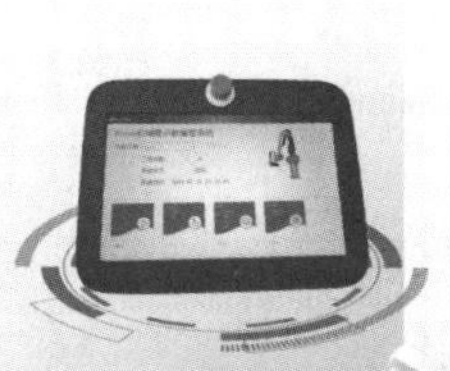

www.jijiezhi.com
教学视频+电子课件+技术交流

哈爾濱工業大學出版社
HARBIN INSTITUTE OF TECHNOLOGY PRESS

内 容 简 介

本书基于思灵智能力控机器人，从智能力控机器人应用过程中需掌握的技能出发，由浅入深、循序渐进地介绍了思灵 Diana 7 力控机器人的入门实用知识。本书从智能力控机器人的发展切入，配合丰富的实物图片，系统介绍了思灵 Diana 7 力控机器人的安全操作注意事项、首次拆箱安装、启动、用户登录、坐标设置、基本操作、指令与编程基础等实用知识；基于具体案例，讲解了思灵 Diana 7 力控机器人系统的编程、调试过程。通过学习本书，读者可对智能力控机器人的实际使用过程有一个全面清晰的认识。

本书图文并茂、通俗易懂，具有很强的实用性和可操作性，既可作为高等院校和中高职院校协作机器人相关专业的教材，又可作为机器人培训机构用书，同时可供相关行业的技术人员参考。

图书在版编目（CIP）数据

智能力控机器人技术应用初级教程：思灵 / 陈兆芃，张明文主编. —哈尔滨：哈尔滨工业大学出版社，2022.8

（产教融合系列教程）

ISBN 978-7-5767-0058-9

Ⅰ. ①智… Ⅱ. ①陈… ②张… Ⅲ. ①机器人技术-教材 Ⅳ. ①TP24

中国版本图书馆 CIP 数据核字（2022）第 109832 号

策划编辑　王桂芝　张　荣

责任编辑　陈雪巍　刘　威

出版发行　哈尔滨工业大学出版社

社　　址　哈尔滨市南岗区复华四道街 10 号　邮编 150006

传　　真　0451-86414749

网　　址　http://hitpress.hit.edu.cn

印　　刷　哈尔滨市石桥印务有限公司

开　　本　787 mm×1 092 mm　1/16　印张 12.5　字数 296 千字

版　　次　2022 年 8 月第 1 版　2022 年 8 月第 1 次印刷

书　　号　ISBN 978-7-5767-0058-9

定　　价　46.00 元

编审委员会

前　言

机器人是先进制造业的重要支撑装备，也是未来智能制造业的关键切入点，智能力控机器人作为机器人家族中的重要一员，已被广泛应用。未来机器人的运动应用是需要走进人类实际生活的，即：需要安全地与人类做物理上的交互（Human Robot Physical Interaction）；需要做到柔顺的阻抗控制（Impedance Control），具备在非感知环境（Un-perceptive Environment）中的运动能力，具备快速的动态控制（Dynamical Control）调整能力。以上的所有都离不开力/力矩控制。

当前，随着我国劳动力成本上涨，人口红利逐渐消失，生产方式向柔性、智能、精细转变，构建新型智能制造体系迫在眉睫，因此对机器人的需求呈现大幅增长。大力发展机器人产业，对于打造我国制造业新优势，推动工业转型升级，加快建设制造强国，改善人民生活水平具有深远意义。

此外，在全球范围内的制造产业战略转型期，我国机器人产业迎来爆发性的发展机遇，然而现阶段我国机器人领域人才供需失衡，缺乏经系统培训的、能熟练安全使用和维护机器人的专业人才。针对这一现状，为了更好地推广工业机器人技术的运用，亟须编写一本系统全面的机器人入门实用教材。

本书以思灵 Diana 7 智能力控机器人为例，结合江苏哈工海渡教育科技集团有限公司的工业机器人技能考核实训台（标准版）展开论述，包含基础理论与项目应用两大部分内容。本书遵循“由简入繁、软硬结合、循序渐进”的编写原则，依据初学者的学习需要，科学设置知识点，结合实训台进行典型实例讲解，倡导实用性教学，有助于激发学生的学习兴趣，提高教学效率，便于初学者在短时间内全面、系统地了解机器人的操作常识。

机器人技术专业具有知识面广、实操性强等显著特点。为了提高教学效果，在教学方法上，建议采用启发式教学、开放性学习，重视实操演练、小组讨论；在学习过程中，建议结合本书配套的教学辅助资源，如智能力控机器人实训台、教学课件及视频素材、教学参考与拓展资料等。

本书在编写过程中，得到了思灵机器人工程技术人员和哈尔滨工业大学相关教师的鼎力支持与帮助，在此表示衷心的感谢！

限于编者水平，书中难免存在疏漏及不足之处，敬请读者批评指正。任何意见和建议可反馈至 E-mail:edubot_zhang@126.com。

编　者
2022 年 4 月

目　　录

第一部分　基础理论

第二部分 项目应用

第一部分　基础理论

第 1 章　智能力控机器人概述

1.1　智能力控机器人产业概况

❋ 智能力控机器人概述

当前，新科技革命和产业变革兴起，全球制造业正处在巨大的变革之中。《“十四五”智能制造发展规划》提出，到 2025 年，规模以上制造业企业大部分实现数字化网络化，重点行业骨干企业初步应用智能化；到 2035 年，规模以上制造业企业全面普及数字化网络化，重点行业骨干企业基本实现智能化。《“十四五”机器人产业发展规划》提出，到 2025 年，中国将成为全球机器人技术创新策源地、高端制造集聚地和集成应用新高地，机器人产业营业收入年均增速超过 20%，制造业机器人密度实现翻番。

随着“工业 4.0”时代的来临，全球机器人企业也在面临各种新的挑战：一方面，劳动力密集型的低成本运营模式面临挑战，技术熟练工人的使用成本快速增加；另一方面，服务化及规模化定制的产品供给需求，使制造商必须尽快适应更加灵活、周期更短、量产更快、更本土化的生产和设计方案。

多年来，工业机器人的应用场景相对固定。由于工业机器人操作力大，出于安全考虑，工业机器人要在围栏里工作，周围不能站人，且对环境有严格要求。更大的限制是，它们只能处理固定任务，比如沿着固定路线搬运固定物体；哪怕只对动作进行一点点改动，都需要重新编程，这使得工业机器人无法像真正的工人那样快速、低成本地胜任新任务。

目前已在全球最大手机代工厂产线上完成手机检测动作的机器人，是一种更加“聪明”的机器，它具备以下能力：

（1）感知能力，包括视觉感知（机器人需要识别手机和检测设备的位置），力感知（与工人放入手机、安装模组时类似，机器人会根据触感和阻力反馈，判断放置是否到位以及力的大小）。在把手机放入检测设备的过程中，算法、软件组成的“大脑”也在实时参与，会根据视觉和力反馈给出综合指示，因此完成以上功能还需要强大的计算能力。

（2）高分辨率 3D 视觉、自主路径规划等技术逐渐成熟。2012 年后，深度学习技术引发新一轮人工智能技术突破，让机器识别图像的能力超过了人类，并使机器能自主学习任务。

上述技术进步让机器人不仅有“力觉”，还有了“视觉”，并能使其根据这些信息自主行动，完成灵活复杂的任务。因此机器人有可能替代工人、普通服务人员等劳动者完成一些机械化操作。这是最难攻克，也是需求最大的方向。

如今，一大批新产品和新公司涌现。区别于传统工业机器人，这些新产品通常被称为“智能机器人”，一般具有力控、视觉感知和自主规划能力，其发展目标是走出汽车制造业等工业机器人固有应用领域，胜任更多工作。

参与其中的公司包括传统工业机器人巨头，如库卡、发那科等。2013 年，库卡在德宇航技术授权的基础上推出了智能机器人 iiwa（图 1.1）；发那科、ABB、安川均在其后两年内推出了类似产品。

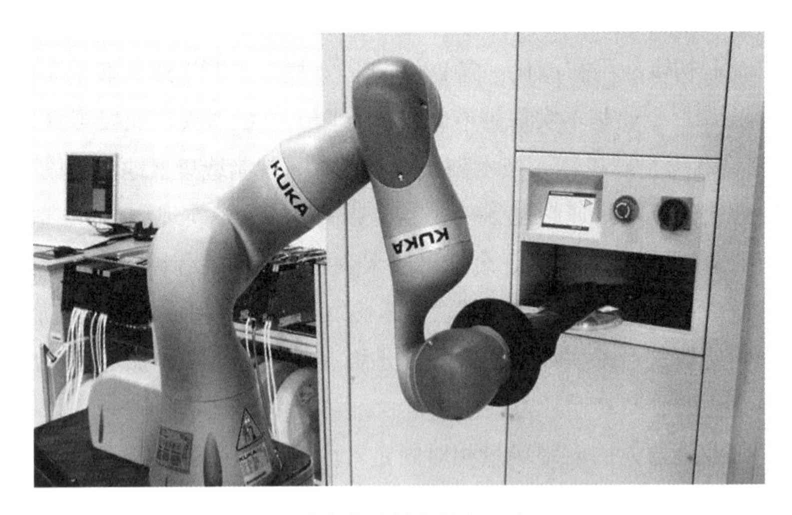

图 1.1　库卡推出的智能机器人 iiwa

传统工业机器人使用起来存在以下问题：价格昂贵、成本超预算，而且需要根据专用的安装区域和使用空间而专门设计；固定的工位布局，不方便移动和变化；烦琐的编程示教控制，需要专人使用；缺少环境感知能力，在与人一起工作时要求设置安全栅栏。

经历了 2019 年市场的低迷之后，2020 年我国工业机器人市场强势反弹，整体销量创历史新高，增速恢复至 10.84%；其中协作机器人 2020 年销量增速为 20.73%，明显高于全球协作机器人销量增速（−5.50%）。2021 年，我国协作机器人产业的韧性进一步增强。

从我国协作机器人市场来看，GGII（高工机器人产业研究所）数据显示，2016 年我国协作机器人销量为 2300 台，市场规模为 3.6 亿元，到 2020 年，我国协作机器人销量已达 9 900 台，市场规模为 11.53 亿；2015～2020 年，协作机器人销量及市场规模年均复合增长率分别为 55.18%和 42.53%。

如图 1.2 所示，2022 年我国协作机器人销量有望突破 1.78 万台，市场规模将突破 16 亿元；到 2025 年，我国协作机器人销量有望突破 6 万台，市场规模达到 45 亿元，复合年均增长率超过 30%（数据来源：GGII）。

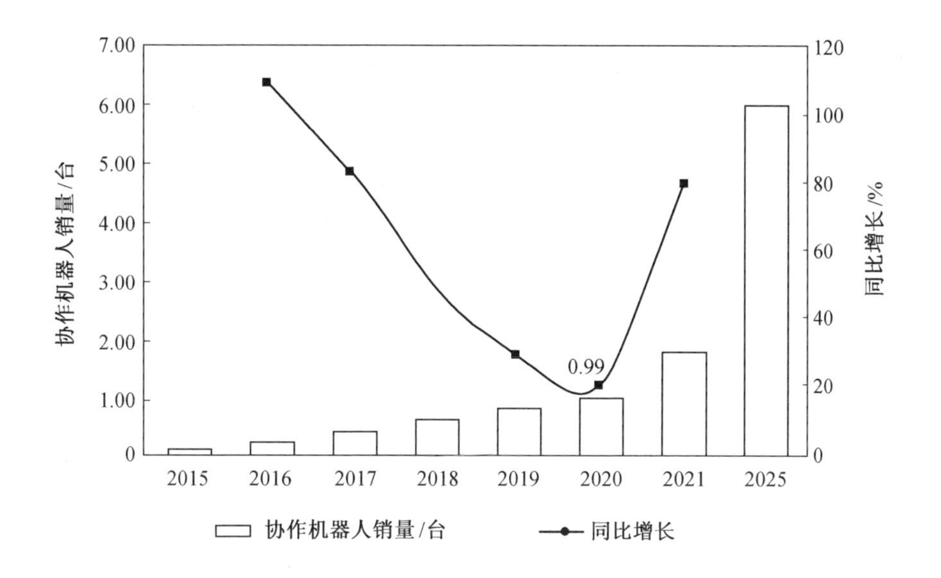

图 1.2　2015～2025 年我国协作机器人销量及预测

与此同时，国内协作机器人新势力厂商亦在各细分行业全面开花，从工业领域向服务领域延伸，从应用占比看，工业领域的应用占比在 70%以上，其中 3C、汽车零部件两大领域的应用占比合计接近 60%，是协作机器人需求最大的两大领域，其他领域如新能源领域需求亦处于快速增长态势；其在商业服务领域的应用尚处于早期阶段，但不可否认的是，商业服务领域具备更强的批量复制的需求逻辑，协作机器人在该领域的应用正快速兴起，如应用于智能零售、理疗等场景。

虽然国产协作机器人厂商的起步略晚，但从产业化应用的角度看，国产协作机器人厂商无疑已经成为中国市场的主导力量，市场份额接近 70%，协作机器人的新兴厂商已成为市场的中坚力量，这与传统工业机器人领域形成较大的反差。

可以预见的是，未来各家创新型国产协作机器人公司必将积极打造品牌与生态，开拓市场渠道，创新营销模式，推动企业自身实力的壮大与行业的健康发展。

同时，国产协作机器人厂商还是国内机器人出口的主力，预计在未来 5 年，协作机器人的国际化布局进一步深化，届时，我国协作机器人产品将越来越多地走出国门，真正应用于全球市场的多个细分行业。

智能力控机器人作为工业机器人的一个重要分支，将迎来爆发性发展态势，同时带来对智能力控机器人行业人才的大量需求，培养智能力控机器人行业人才迫在眉睫。而智能力控机器人行业的多品牌竞争局面，又促使学习者需要根据行业特点和市场需求，合理选择学习和使用某品牌的智能力控机器人，从而提高自身职业技能和竞争力。

1.2 智能力控机器人发展概况

1.2.1 智能力控机器人发展历程及特点

较成功的智能力控机器人公司是创立于 2018 年的思灵机器人公司，该公司立足于全球化，在德国慕尼黑、我国北京设立双总部。公司以“AI 人工智能赋能”为主旨理念，致力于推动人工智能与机器人前沿技术的深度结合及创新，并以此拓展机器人在更多领域的推广和应用。

在这一背景下，智能力控机器人在标准化生产的道路上步入正轨，开启了智能力控机器人发展的元年。智能力控机器人的特点如下。

1. 安全性（固有安全设计）

安全性是指力控机器人采用固有安全设计，自重轻，碰撞惯量小，采用了力和功率限制，动量限制，关节、肘部、末端工具位姿限制，末端工具姿态限制，速度限制等多重方法来强化其与人协同工作的能力，而且机器人外形采用无尖锐棱角、无夹角设计，具有较强的固有安全性。

2. 易于上手

智能力控机器人一般采用图形化编程、拖拽示教，重新编程简单，易于维护。就算毫无机器人应用经验的人也可在数小时内直接上手，对机器人进行编程。而传统机器人的使用难度较高，只有经过培训的专业人士才能熟练使用机器人完成配置、编程以及维护，普通用户很少具备这样的能力。

3. 部署灵活

传统机器人安装基座较大，自重大，功率较高，而且需要增加防护围栏，导致工业机器人对占地、电力、承重等要求较高，且程序复用可能性较低，导致其重新部署成本较高。而智能力控机器人质量轻、安装基座小、不需要围栏、编程简单，特别方便灵活部署和柔性制造。

4. 低成本

传统机器人需要数十万或者上百万元的成本，而智能力控机器人成本仅仅只有传统机器人成本的几分之一。

1.2.2　我国智能力控机器人发展现状

国内智能力控机器人尚处于起步阶段，但发展速度十分迅猛。智能协作机器人在我国兴起于 2014 年，成品化进程相对较慢，但也取得了一些可喜的成果，如新松、大族、遨博、达明、哈工大等都相继推出了自己的智能力控机器人。

2015 年底，由北京大学工学院先进智能机械系统及应用联合实验室、北京大学高精尖中心研制的人机智能协作机器人 WEE 先后在第 22 届中国国际工业博览会（2020，上海）、中国国际高新技术成果交易会（深圳）、2021 世界机器人大会（北京）上参展亮相，它是一台具备国际先进水平的高带宽、轻型、节能的工业智能协作机器人，如图 1.3 所示。

我国台湾达明机器人推出的 TM5 是全球首创内建视觉辨识的协作型六轴机器人，如图 1.4 所示，它高度整合视觉和力觉等感测器辅助，让机器人能适应环境变化，强调人机共处的安全性；手拉式引导教学，让使用者快速上手。TM5 可广泛运用在各个领域，如电子业、鞋业、纺织业、半导体行业、光电产业等。

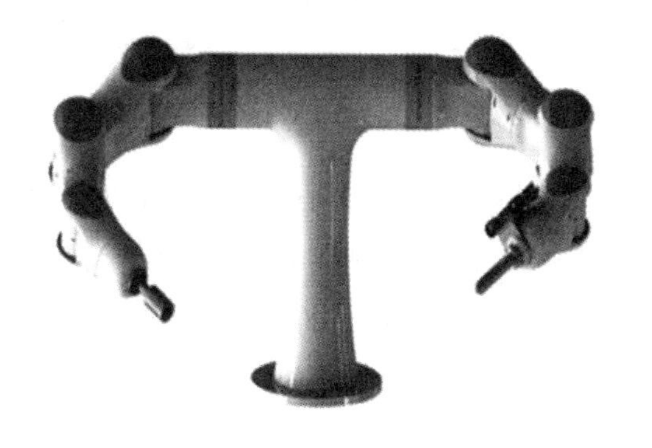

图 1.3　北京大学单臂/双臂人机智能协作机器人——WEE

图 1.4　达明智能协作机器人——TM5

2016 年，大族电机携最新产品 Elfin 六轴智能协作机器人在中国国际工业博览会（上海）精彩亮相，如图 1.5 所示。作为智能协作机器人，Elfin 可配合工人工作，也可用于集成自动化产品线，以及焊接、打磨、装配、搬运、拾取、喷漆等工作场合，应用灵活广泛。

2017 年，哈工大机器人集团推出了轻型智能协作机器人 T5。该机器人可以进行人机协作，具有运行安全、节省空间、操作灵活的特点，如图 1.6 所示。T5 面向 3C、机械加工、食品药品、汽车汽配等行业的中小制造企业，适配多品种、小批量的柔性化生产线，能够完成搬运、分拣、涂胶、包装、质检等工序。

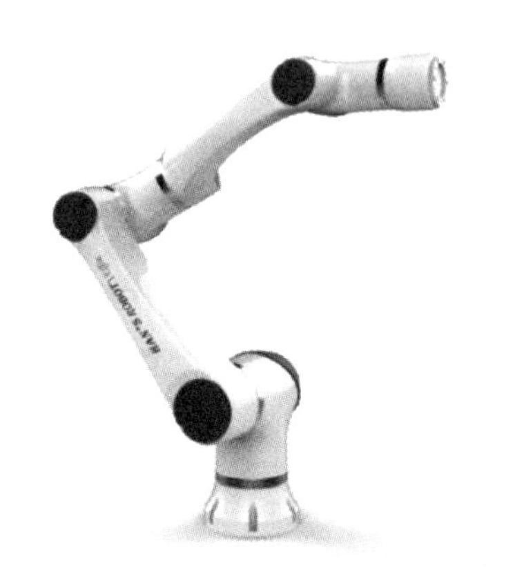

图 1.5　大族电机六轴智能协作机器人——Elfin

图 1.6　哈工大机器人集团轻型智能协作机器人——T5

1.2.3　智能力控机器人发展趋势

智能力控机器人作为工业机器人家族的后起之秀，近年来在各大厂商和市场的持续关注下，其创新应用模式不断涌现，应用场景日益多元化。然而，在新市场快速兴起的过程中，机遇与挑战并存成为常态，特别是面对当前以创新为核心驱动，以 5G 通信、大数据、云计算、智能物联网、人工智能等为技术支撑，推动不同产业间、行业间实现跨界融合发展的“智能经济”新时代，智能力控机器人如何把握“智能经济”发展机遇，快速找准市场定位，推进产业化进程，值得智能力控机器人厂商深入思考与探究。

1. 模块化设计

模块化设计概念在力控机器人上体现得尤为突出。快速可重构的模块化关节为国内厂家提供了一种新思路，加速了力控机器人的设计。用户可以把更多的精力放到控制器、示教器等其他核心部分的研究中。随着关节模块内零部件国产化的普及，力控机器人的成本也在逐年降低。

2. 机械结构的仿生化

力控机器人机械臂越接近人手臂的结构，其灵活度越高，越适合处理相对精细的任务，如生产流水线上的辅助工人分拣、装配等操作。三指变胞手、柔性仿生机械手，都属于提高力控机器人抓取能力的前沿技术产品。

3. 机器人系统生态化

吸引第三方开发围绕机器人的成熟工具和软件，如复杂的工具、机器人外围设备接口等，有助于减少机器人应用中的配置难题，提升使用效率。

4. 市场定位逐渐清晰

个性化定制和柔性化生产所需要的已经不是传统的生产方式，不断迭代的产品对机器人组装工艺的通用性、精准度、可靠性都提出了越来越高的要求，智能力控机器人的市场定位逐渐清晰。为了应对这一挑战，需要更柔性、更高效的解决方案，那就是智能化与协作，制造方式必然需要具备更高的灵活性和自动化程度。由此，能与工人并肩协同工作的力控机器人成为迫切需要。

1.3　智能力控机器人[①]技术基础

为让机器人能感知环境，思灵自研了能感知力度的“高精度扭矩传感器”和能“看”的传感器——工业相机。在感知基础上，智能力控机器人还要根据环境与任务自主规划动作，并能处理传感器数据，形成决策和动作规划的算法。

能完成单一任务仍不够，智能力控机器人的更大价值是它可以学习新的任务，有一定通用性。这是依靠数据、算法和硬件的整体能力实现的。智能机器人要大规模落地还需要具备量产能力。若只需满足上述需求，有时机器人的智能化程度不需要太高：用更传统的、不带力控和视觉传感器的轻型工业机器人搭配 3D 视觉相机，也可以完成钻石分拣；如果不考虑色泽，只区分大小，还可以直接用网筛。打磨、抛光是许多力控机器人的目标应用场景。以金属手机壳打磨为例，用不带力控的机械臂配合砂带或弹性磨料，也能实现力控机器人的柔性打磨效果，但是精度一般。

智能协作机器人的技术参数反映了机器人的适用范围和工作性能，主要包括自由度、额定负载、工作空间、工作精度，其他参数还有工作速度、控制方式、驱动方式、安装方式、动力源容量、本体质量、环境参数等。

1. 自由度

自由度是指描述物体运动所需要的独立坐标数。

空间直角坐标系又称笛卡尔直角坐标系，它是以空间一点 O 为原点，建立三条两两相互垂直的数轴，即 X 轴、Y 轴和 Z 轴。机器人系统中常用的坐标系为右手坐标系，即 3 个轴的正方向符合右手定则：右手大拇指指向 Z 轴正方向，食指指向 X 轴正方向，中指指向 Y 轴正方向，如图 1.7 所示。

在三维空间中描述一个物体的位姿（即位置和姿态）需要 6 个自由度，如图 1.8 所示。

- 沿空间直角坐标系 O–XYZ 的 X、Y、Z 3 个轴的平移运动 T_X、T_Y、T_Z。
- 绕空间直角坐标系 O–XYZ 的 X、Y、Z 3 个轴的旋转运动 R_X、R_Y、R_Z。

---

①注：本书介绍的思灵智能力控机器人为一种智能协作机器人。

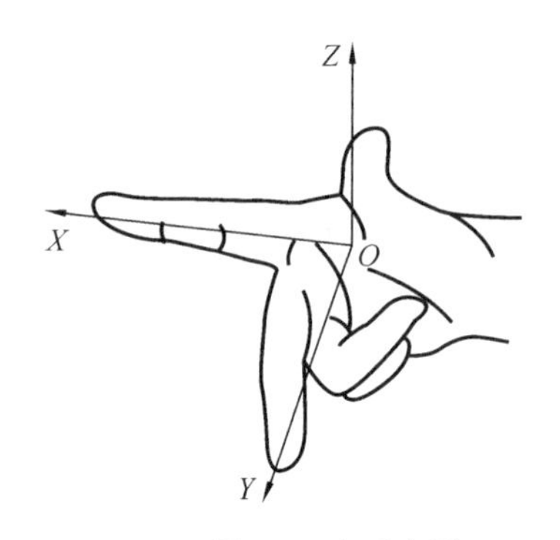

图 1.7　右手定则

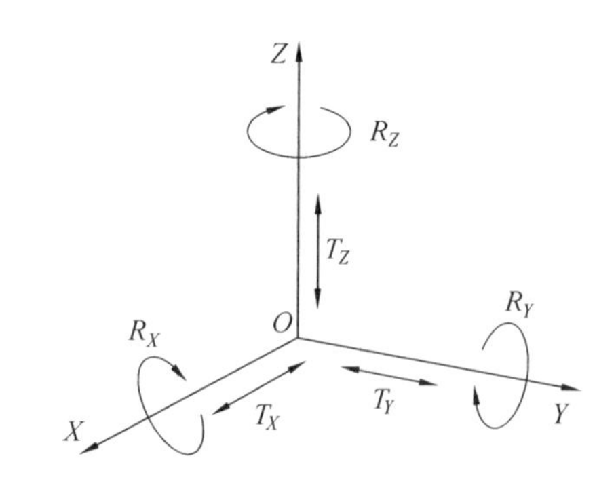

图 1.8　刚体的 6 个自由度

机器人的自由度是指机器人相对坐标系能够进行独立运动的数目，不包括末端执行器的动作，如焊接、喷涂等。通常，垂直多关节机器人以六自由度为主。

机器人的自由度反映机器人动作的灵活性，自由度越多，机器人就越能接近人手的动作机能，通用性越好；但是自由度越多，结构就越复杂，对机器人的整体要求就越高，如图 1.9 所示。因此，智能力控机器人的自由度是根据其用途设计的。

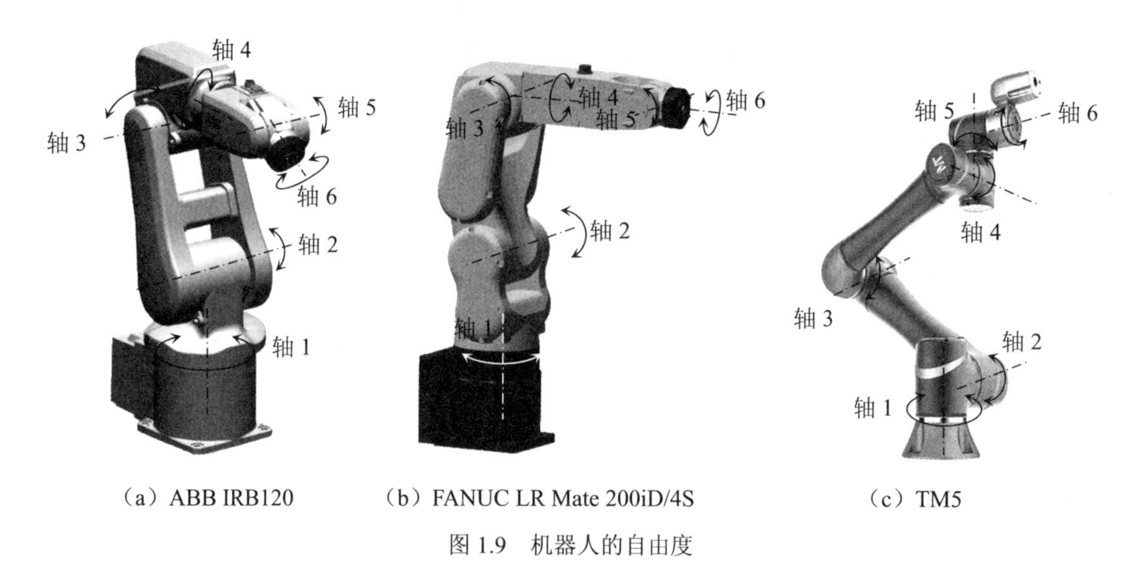

（a）ABB IRB120　（b）FANUC LR Mate 200iD/4S　（c）TM5

图 1.9　机器人的自由度

采用空间开链连杆机构的机器人，因每个关节仅有一个自由度，所以机器人的自由度数就等于它的关节数。

2. 额定负载

额定负载也称有效负荷，是指正常作业条件下，智能协作机器人在规定性能范围内，手腕末端所能承受的最大载荷，见表 1.1。

表 1.1　智能协作机器人的额定负载

品牌	ABB	FANUC	Agile Robots	COMAU
型号	YuMi	CR-35iA	Diana 7	e.Do
实物图				
额定负载	0.5 kg	35 kg	7 kg	1 kg
品牌	Kawasaki	Rethink Robotics	TM	HRG
型号	duAro	Sawyer	TM5	T5
实物图				
额定负载	2 kg	4 kg	4 kg	5 kg

3. 工作空间

工作空间又称工作范围、工作行程，是指智能协作机器人作业时，手腕参考中心（即手腕旋转中心）所能到达的空间区域，不包括手部本身所能达到的区域。工作空间的形状和大小反映了机器人工作能力的大小，它不仅与机器人各连杆的尺寸有关，还与机器人的总体结构有关。智能协作机器人在作业时可能会因存在手部不能到达的作业死区而不能完成规定任务。

由于末端执行器的形状和尺寸是多种多样的，为真实反映机器人的特征参数，工作范围一般是指不安装末端执行器时机器人可以达到的区域。

注意：在装上末端执行器后，需要同时保证工具姿态，实际的可到达空间和理想状态的可到达空间有差距，因此需要通过比例作图或模型核算，来判断是否满足实际需求。

4. 工作精度

智能协作机器人的工作精度包括定位精度和重复定位精度。

定位精度又称绝对精度，是指机器人的末端执行器实际到达位置与目标位置之间的差距。

重复定位精度简称重复精度，是指在相同的运动位置命令下，机器人重复定位其末端执行器于同一目标位置的能力，以实际位置值的分散程度来表示。

实际上机器人重复执行某位置给定指令时，它每次走过的距离并不相同，均是在一平均值附近变化。该平均值代表定位精度，变化的幅值代表重复定位精度，如图 1.10 和图 1.11 所示。机器人具有绝对精度低、重复精度高的特点。常见智能协作机器人的重复定位精度见表 1.2。

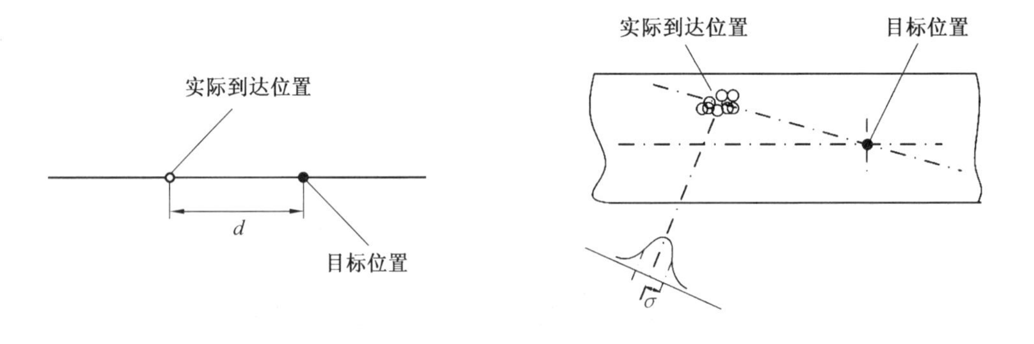

图 1.10　定位精度　　　　图 1.11　重复定位精度

表 1.2　常见智能协作机器人的重复定位精度

品牌	ABB	FANUC	Agile Robots	KUKA
型号	YuMi	CR-35iA	Diana 7	iiwa
实物图				
重复定位精度	±0.02 mm	±0.08 mm	±0.03 mm	±0.1 mm

1.4　智能力控机器人应用

※ 智能力控机器人应用

随着工业的发展，多品种、小批量、定制化的工业生产方式成为趋势，对生产线的柔性提出了更高的要求。在自动化程度较高的行业，基本的模式为人与专机相互配合，机器人主要完成识别、判断、上下料、插拔、打磨、喷涂、点胶、焊接等需要一定智能但又枯燥单调的重复性工作，人力的不足成为进一步提升品质和提高效率的瓶颈。智能力控机器人由于具有良好的安全性和一定的智能性，可以很好地替代操作工人，形成"智能力控机器人+专机"的生产模式，从而实现工位自动化。

由于智能力控机器人固有的安全性，如力反馈和碰撞检测等功能，人与智能力控机器人并肩合作的安全性将得以保证。实际应用方面，思灵的产品已成功应用于医疗、工业（3C 消费电子、汽车及上下游、珠宝等精密零部件生产制造）、农业、教育及服务等行业。

由于技术进步，机器人技术在包括医药、医疗保健和服务在内的各个行业中发挥着越来越重要的作用。未来，智能力控机器人将促进汽车和电子行业优化制造流程，使其更智能、更灵活。

机器人将对我们的社会产生巨大影响，尤其是在劳动密集型行业。创新且具有成本效益的机器人解决方案也将有助于协同制造、物流和医疗保健方面的核心业务。我们设想一个新时代：人类和机器人携手合作，为我们的企业和社会创造共享价值。通过核心 AI 算法，能够帮助机器人精准地识别自身与外部环境间的互动关系，使其得以智能地调整工作方式，机器人也因此更灵巧。目前全球机器人公司 99%都是在做"机械"的样子，过去 5～10 年在应用方面进展不大。要把"机械人"真正变成"人"，这个发展时机已经成熟。机器人公司应与包括地产商等在内的不同产业机构合作，让机械人未来能够进入家庭、服务人类。

GGII 数据显示，2020 年，我国协作机器人销量占工业机器人市场 5.83%，同比上升 0.47 个百分点，预计到 2021 年中国协作机器人销量占比有望达到 6.4%以上，2022 年有望达到 7%以上。

Agile Robots 所研发的产品正是要弥补工业级机器人在人机协作场景下应用的不足，该公司称拥有了"大脑"后的机器人能与人类在共同工作空间中有近距离的互动，效率及安全性也能得到提升，这种机器人通常会更轻、更小、成本更低。

在应用方面，装有"大脑"的机器人能够应用于高端医疗、科学研究、智能制造、消费服务等多个领域，并已经在高端医疗等行业有了深入的应用研发。

1. 医疗行业

思灵的机械产品目前主要应用于医疗和工业领域。在医疗领域，其研发的手术机械人已在北京一些医院展开测试，应用于骨科、神经外科、腔镜等手术。

通过力控机器人和视觉技术，带动冲击波，机器人治疗仪可对人体指定穴位进行操作。思灵成功研制出七自由度高精度智能取穴机器人。该设备的研发，得到了国家重点研发计划项目支持，攻克了人体经络穴位大数据集建模、穴位推理及精准定位、智能化取穴操控等关键技术。该设备的成功研制，能将百年中医的经络治疗手法“传承”给智能机器人，让更多人得到“专家”诊疗。

思灵机器人始终致力于将“机器人+人工智能”技术赋予智慧医疗，让先进医疗走进千家万户。

2. 自动化硬金压光行业

机器人可替代人工实现自动化硬金压光，将工人从高强度劳动中解放出来，提高生产效率，节约人力成本。其所使用的智能机器人技术为“力位混合控制+3D 视觉”，创新点是：①“力+轨迹”同时高精度控制；②高精度 3D 视觉轮廓扫描与模型匹配。模拟智能化生产线如图 1.12 所示。

图 1.12　模拟智能化生产线

3. 汽车行业

智能力控机器人更“喜欢”在车间内与人类一起工作，能为汽车应用中的诸多生产阶段增加价值，例如拾取部件并将部件放置到生产线或夹具上、压装塑料部件及操控检查站等，可用于螺钉固定、装配组装、贴标签、机床上下料、物料检测、抛光打磨等环节。

思灵智能力控机器人现场模拟了谐波组装场景和力控演示场景，展现了机器人高精准力控和力感知技术以及领先的轨迹规划技术。演示场景如图 1.13 所示。

图 1.13　演示场景

4. 3C 行业

思灵现在在 3C 行业的重点方向：在手机制造业替代精密复杂组装线上的工人，满足“量足够大”的需求。理论上，智能力控机器人在做这件事时确实有特殊优势，它能以相对标准化的方式满足需求。“智能”的含义之一就是机器人具备学习能力，同一种设备既能装摄像头，也能装振动马达，还能插排线、拧螺丝（图 1.14）。这将减少工厂换产时的调整、部署成本，加快换产速度。

3C 行业具有元件精密和生产线更换频繁两大特点，一直以来都面临着自动化效率方面的挑战，而智能力控机器人擅长在上述环境中工作，可用于金属锻造、检测、组装及研磨工作站中，实现许多电子部件制造任务在自动化处理时所需要的软接触和高灵活性。

图 1.14　机器人拧 CPU 工作站上的螺丝

1.5　智能力控机器人人才培养

1.5.1　人才分类

人才是指具有一定的专业知识或专门技能，进行创造性劳动，并对社会做出贡献的人，是人力资源中能力和素质较高的劳动者。具体到企业中，人才的概念是指具有一定的专业知识或专门技能，能够胜任岗位能力要求，进行创造性劳动并对企业发展做出贡献的人，是人力资源中能力和素质较高的员工。

按照国际上的分类法，普遍认为人才分为学术型人才、工程型人才、技术型人才、技能型人才 4 类，其中工程型人才、技术型人才与技能型人才统称为应用型人才。

（1）学术型人才是指发现和研究客观规律的人才，其基础理论深厚，具有较高的学术修养和较强的研究能力。

（2）工程型人才是指将科学原理转变为工程或产品设计、工作规划和运行决策的人才，其有较好的理论基础、较强的应用知识和解决实际工程的能力。

（3）技术型人才是指在生产第一线或工作现场从事为社会谋取直接利益的工作，把工程型人才或决策者的设计、规划、决策转换成物质形态或对社会产生具体作用的人才，其有一定的理论基础，但更强调在实践中应用。

（4）技能型人才是指各种技艺型、操作型的技术工人，主要从事操作技能方面的工作，强调工作实践的熟练程度。

1.5.2 产业人才现状

教育部、人力资源和社会保障部、工业和信息化部等部门 2017 年对外公布的《制造业人才发展规划指南》表示，随着中国制造的发展，到 2025 年，制造业十大重点领域将面临巨大的人才缺口。根据该指南发布的人才需求预测，到 2025 年，新一代信息技术产业领域和电力装备领域的人才缺口都将超过 900 万人；高档数控机床和机器人领域人才缺口将达 450 万人。

在《中国制造 2025》的推动下，中国制造业正向价值更高端的产业链延伸，加快从制造大国向制造强国转变。因此，在这样一个基于互联的智慧时代，运动控制更数字化、智能化、网络化。而运动控制技术在制造业中是不可或缺的一分子，人才缺口也一样大。智能力控机器人人才若掌握运动控制技术方面的知识，则会大大提高其今后在人才市场中的竞争力。

1.5.3 人才职业规划

1. 人才培养目标

本专业培养适应现代制造企业机器人运行岗位的技术人才，他们应具有与我国现代化建设用工要求相适应的文化水平和人文、科技素质；具有良好的职业道德和终身学习意识；掌握工业机器人运行与维护专业的基础理论和操作技能；能独立从事工业机器人应用系统的安装、调试、编程、维修、运行与管理等方面的工作任务；具有一定操作实践经验，能服从生产管理。

2. 就业岗位方向

（1）主要就业岗位：机器人工作站的运行维护、安装、调试与管理。

（2）辅助就业岗位：生产线的日常维护管理、机电设备安装与维修。

（3）发展岗位：机器人工作站的开发、维修；机电设备销售技术支持等。

1.5.4 产教融合学习方法

产教融合学习方法参照国际上一种简单、易用的学习法——费曼学习法。费曼学习法由诺贝尔物理学奖得主、著名教育家理查德·费曼提出，其核心在于用自己的语言来记录或讲述要学习的概念，包括 4 个核心步骤：选择一个概念→讲授这个概念→查漏补缺→简化语言和尝试类比（回顾并简化），如图 1.15 所示。

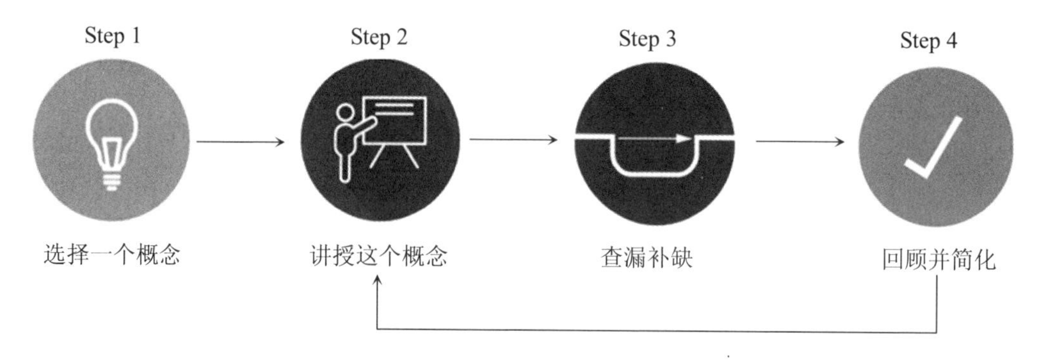

图 1.15　费曼学习法

20 世纪 60 年代，成立于美国缅因州贝瑟尔的国家培训实验室对学生在每种指导方法下学习 24 h 后的材料平均保持率进行了统计，图 1.16 所示为不同学习模式下的学习效率。

从图 1.16 中可以看出，对于一种新知识，通过听讲只能获取 5%的知识；通过阅读可以获取 10%的知识；通过多媒体等渠道的宣传可以掌握 20%的知识；通过现场示范可以掌握 30%的知识；通过相互间的讨论可以掌握 50%的知识；通过实践可以掌握 75%的知识；最后达到能够教授他人的水平，就掌握了 90%的知识。

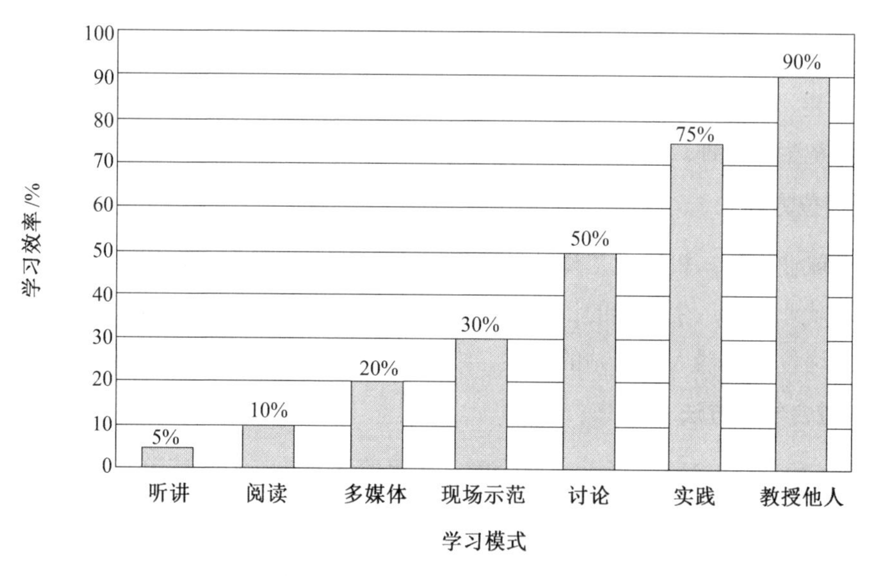

图 1.16　不同学习模式下的学习效率

在相关知识学习中，可以通过以下 4 个部分进行知识体系的梳理。

1. 注重理论与实践相结合

对于技术学习来说，实践是掌握技能的最好方式，理论对实践具有重要的指导意义，两者相结合才能既了解系统原理，又掌握技术应用。

2. 通过项目案例掌握应用

在技术领域中，相关原理往往非常复杂，难以在短时间内掌握，但是作为工程化的应用实践，其项目案例更为清晰明了，可以更快地掌握应用方法。

3. 进行系统化的归纳总结

任何技术的发展都是有相关技术体系的，通过个别案例很难全部了解，只有在实践中不断归纳总结，形成系统化的知识体系，才能掌握相关应用，学会举一反三。

4. 通过互相交流加深理解

个人对知识内容的理解可能存在片面性，通过多人的互相交流、合作探讨，可以碰撞出不一样的思路技巧，实现对技术的全面掌握。

第2章　智能力控机器人认知

2.1　智能力控机器人简介

思灵机器人（Agile Robots）是一家全球领先的AI智能机器人明星企业，其技术源自于德国宇航中心机器人研究所（DLR/RMC）。德国宇航中心是世界上最早将智能机器人送上太空并进行人机协作等复杂任务的机构，同时也是世界范围内第一个提出并成功研制力控机器人的机构。该企业自成立以来，已获得高瓴创投、红杉资本等世界知名基金的多轮投资。

※ 机器人简介

思灵机器人在机器人感知、力控系统、视觉系统、操作系统和人工智能等领域保持世界级的技术领先优势。其Diana 7力控机器人是为人机协同操作而设计的，机器人可以在无护栏情况下与人协同工作。但必须注意：此处的协同工作是指除机器人之外，工具、工件、障碍物及其他机器人等，都应针对特定应用完成完整的风险评估，且被证明不具备重大危险的工作。

2.1.1　力感知

力反馈技术让智能力控机器人具备感知真实世界的能力。通过强大的AI算法以及自主研发的高分辨扭矩传感器，实现了世界最灵敏的碰撞检测能力。

2.1.2　自主规划

自主规划让机器人在复杂的动态环境中能够实时调整运动轨迹。自主研发的基于深度及强化学习的AI智能算法，达到毫秒级的视觉辨识速度，并实现机器人路径自主规划，机器人“大脑”可迅速识别海量未知物体目标，并自动辨识抓取部位，从而使得人机协作更加便捷、高效、安全。

2.1.3　机器人智能

深度学习和强化学习技术让智能力控机器人能够自适应地面对未知环境。智能力控机器人“大脑”及操控系统处于世界领先水平。通过算法，AI机器人“大脑”及操作系统可以不断学习、迭代升级，未来可以连接海量的智能软硬件，并形成软硬件综合生态系统。

2.1.4　灵核操作系统

机器人灵核操作系统通过实时、跨平台和 APP 式编程界面为机器人提供柔性化和安全操控能力。机器人“大脑”、操控系统、算法、感知及力控系统、视觉系统令智能力控机器人成为世界最智能的机器人。

2.1.5　扭矩控制机器人手臂

Diana 是思灵开发的首个灵巧扭矩控制机器人手臂，它可以快速部署并轻松适应多种应用场景。它的特色在于尖端的关节扭矩传感器，精确的力感知、力矩控制系统以及直观的用户界面。由于具有智能碰撞检测，它能够与周围环境进行完全安全的交互。其优点如下。

❋ 采用低功耗、极致轻量化和小底座设计，机器人可快速移动和重新部署到各类自动化流程中，非常适合任务快速转换。

❋ 采用直觉化的图形编程和示教编程方式，无需经验丰富的工程师也可进行机器人编程。

❋ 在工具振动或者受到人为干扰时，能够智能化地消除或者顺应干扰，完成工作任务，特别适应不确定的生产环境。

❋ 具备极高的安全特性，关节内置扭矩传感器，能够快速感应极为微小的外力扰动，并迅速做出适应或避让反应。

❋ 各关节内配备高精度力矩传感器，结合独有的智能力控算法，为机器人应用提供高稳定、高精度的力控解决方案。

Diana 7 机器人自重 26 kg，连接末端工具及抓持物体后，总质量最大可达到 33 kg。如果机械臂未被完全紧固，可能发生倾斜、跌落等情况，对人员的身体（特别是手掌、手指、脚趾）造成严重挤压或划伤。因此，在安装机械臂时，必须保证机械臂稳定安装在操作台上。Diana 7 机器人本体参数见表 2.1。

表 2.1　Diana 7 机器人本体参数

项目	参数	项目	参数
负载	7 kg	工作质量	26 kg
工作空间半径	944 mm	底座直径	ϕ190 mm
自由度	7	末端工具连接器	符合 ISO 9409-1：2016 标准要求
重复定位精度	±0.03 mm	编程方式	图形化编程环境、脚本编程、API
关节 1 运动范围	−179°～179°	关节 1 最大速度	150(°)/s
关节 2 运动范围	−90°～90°	关节 2 最大速度	150(°)/s
关节 3 运动范围	−179°～179°	关节 3 最大速度	150(°)/s

续表 2.1

项目	参数	项目	参数
关节 4 运动范围	0°～175°	关节 4 最大速度	150(°)/s
关节 5 运动范围	-179°～179°	关节 5 最大速度	180(°)/s
关节 6 运动范围	-179°～179°	关节 6 最大速度	180(°)/s
关节 7 运动范围	-179°～179°	关节 7 最大速度	180(°)/s
工作温度	0～50 ℃	工作湿度	90% RH（非冷凝）
Tcp 典型线速度	1 m/s		

2.2 机器人系统组成

HRG-HD1XKE 型力控机器人技能考核实训台由实训平台、思灵机器人本体、编程计算机、可编程逻辑控制器（PLC）、工业触摸屏、配套实训模块、外部启动/停止按钮及气动部件等组成。其整体外观如图 2.1 所示。

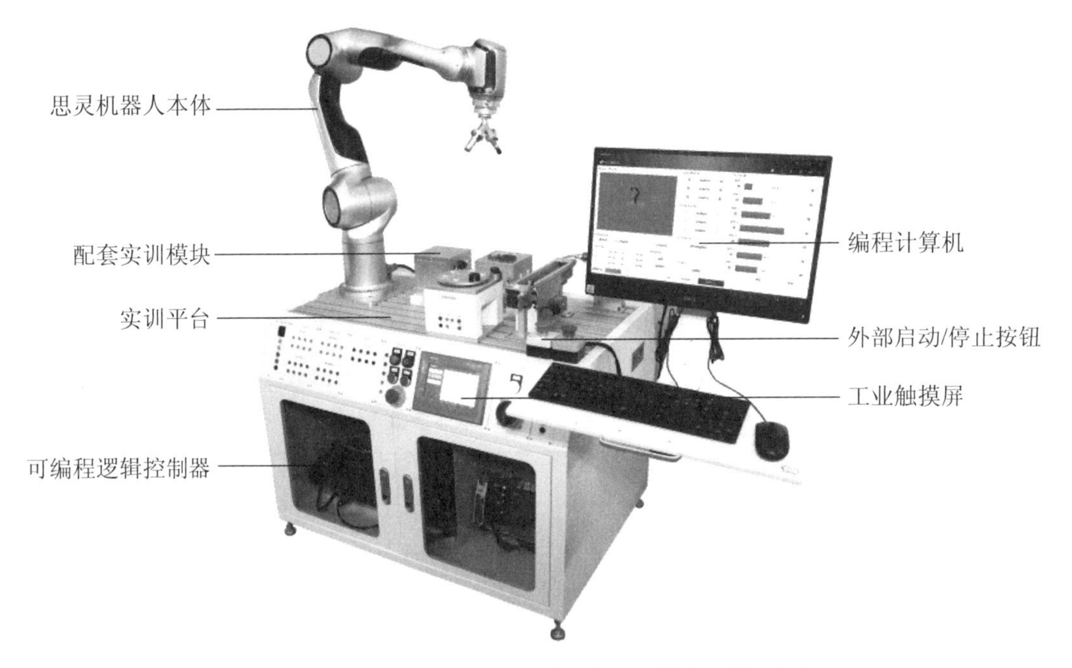

图 2.1　HRG-HD1XKE 型力控机器人技能考核实训台

HRG-HD1XKE 型力控机器人技能考核实训台包含一系列实训模块用于实操训练，实训模块配置见表 2.2。

表 2.2　实训模块配置

序号	模块编号	模块名称	图示	功能说明
1	EN-MA01	基础功能模块		模块分为 6 个面，将机器人基础操作由易到难分成6个部分，在每个面内学习一部分知识。6 个面可自由切换，根据所学内容自由选择，系统性地学习机器人基础操作内容。 模块中装有金属探针部件，可安装于机器人手臂，进行示教操作联系。其内部带弹簧缓冲，当端部受到外力冲击时，尖端受力可回缩并随后恢复如初，当误操作发生撞击时，可有效保护自身和外部夹具。 其中包括但不限于以下示教功能： （1）基础直线运动示教。 （2）基础曲线运动示教。 （3）坐标系的建立与应用。 （4）工件坐标系的建立与应用。 （5）轨迹线模拟仿真示教。 （6）综合绘画练习。 （单独实训）
2	EN-MA02	综合功能模块		模块分为 6 个面，将机器人基础功能操作由易到难分成 6 个部分，在每个面内学习一部分知识。6 个面可自由切换，根据所学内容自由选择，系统性地学习机器人基础操作内容。 模块包含 3 种共 5 个基础工件，可模拟装配搬运等操作；表面有定位凹槽辅助搬运等操作练习；具有空间曲线，增加示教可视性。 其中包括但不限于以下示教功能： （1）基础搬运示教。 （2）多角度搬运示教。 （3）码垛练习示教。 （4）基础装配示教。 （5）空间曲面移动示教。 （6）基础模拟焊接轨迹示教。 （可单独实训，也可与其他模块联动实训）

续表 2.2

序号	模块编号	模块名称	图示	功能说明
3	EN-MA03	多工位旋转模块		该模块包含：步进电机、编码器、接近传感器、快插式面板以及转盘面板等零部件，且转盘面板设置有 6 个圆形沉槽工位（设有数字编号，且带细线标刻）。面板采用插线式接线，便于示教实操。 正常通电后，驱动器收到 PLC 指令后，驱使步进电机转动，电机带动转盘面板转动。可事先放置 1 个或数个圆柱状工件到任意工位中，当转盘面板在正常转动时，对物料进行检测，并在指向标处停住，然后机器人抓取工件至其他模块处。 步进电机可配合机器人的需要设定旋转角度，让学习者学会机器人与伺服转盘的相互协作。 （可单独实训，也可与其他模块联动实训）
4	EN-MA05	物料输送模块		物料输送模块中皮带做线性循环运动，工件从皮带一端被输送至另一端。当皮带端部的光电传感器感应到物料时，即时反馈给上层，机器人收到反馈并抓取工件移动放至指定工位。 输送模块可单独使用，也可以多个输送带相连接作为智能制造输送线基础单元使用。面板采用插线式接线，便于示教实操。具有拓展接口，可增添多种功能。 （可单独实训，也可与其他模块联动实训）

2.2.1 本体

Diana 7 智能力控机器人系统主要由机器人本体和机器人控制箱组成。Diana 7 力控机器人有 7 个旋转关节，关节间通过连杆连接。每个关节各有一个自由度，总共 7 个自由度。机器人本体关节主要包括基部（关节 1）、肩部（关节 2、关节 3）、肘部（关节 4）、腕部（关节 5、关节 6、关节 7）。基部用于连接底座与机器人本体，机器人末端法兰用于连接机器人末端与工具。通过软示教器操作界面可控制各关节的转动，使机器人达到不同的位姿。Diana 7 机器人本体，如图 2.2 所示。

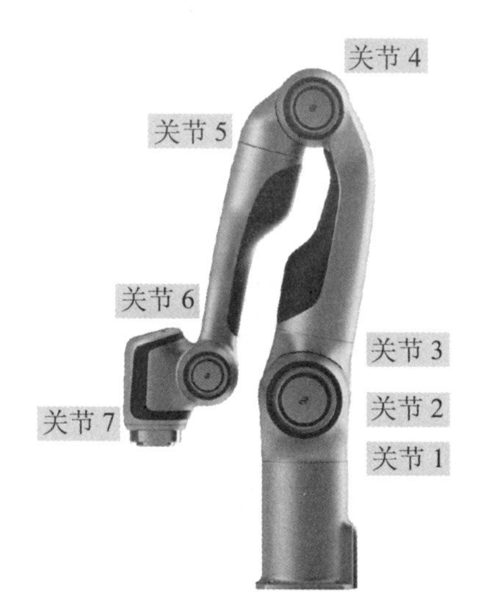

图 2.2　Diana 7 机器人本体

1. 机器人本体三视图

Diana 7 机器人本体三视图，如图 2.3 所示。

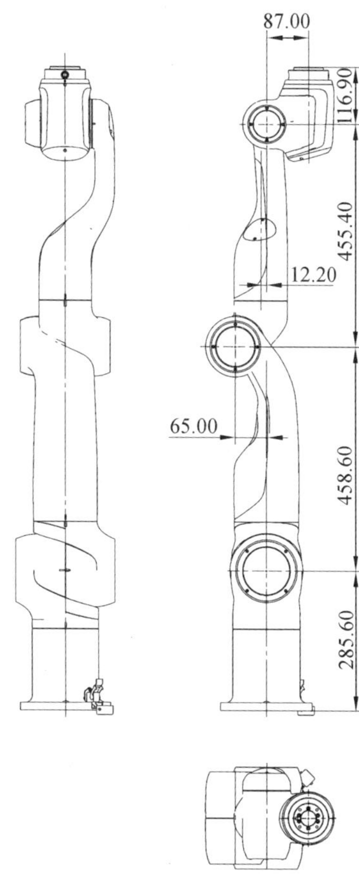

图 2.3　Diana 7 机器人本体三视图（单位：mm）

2. 机器人工作空间

Diana 7 机器人工作空间，如图 2.4 所示。

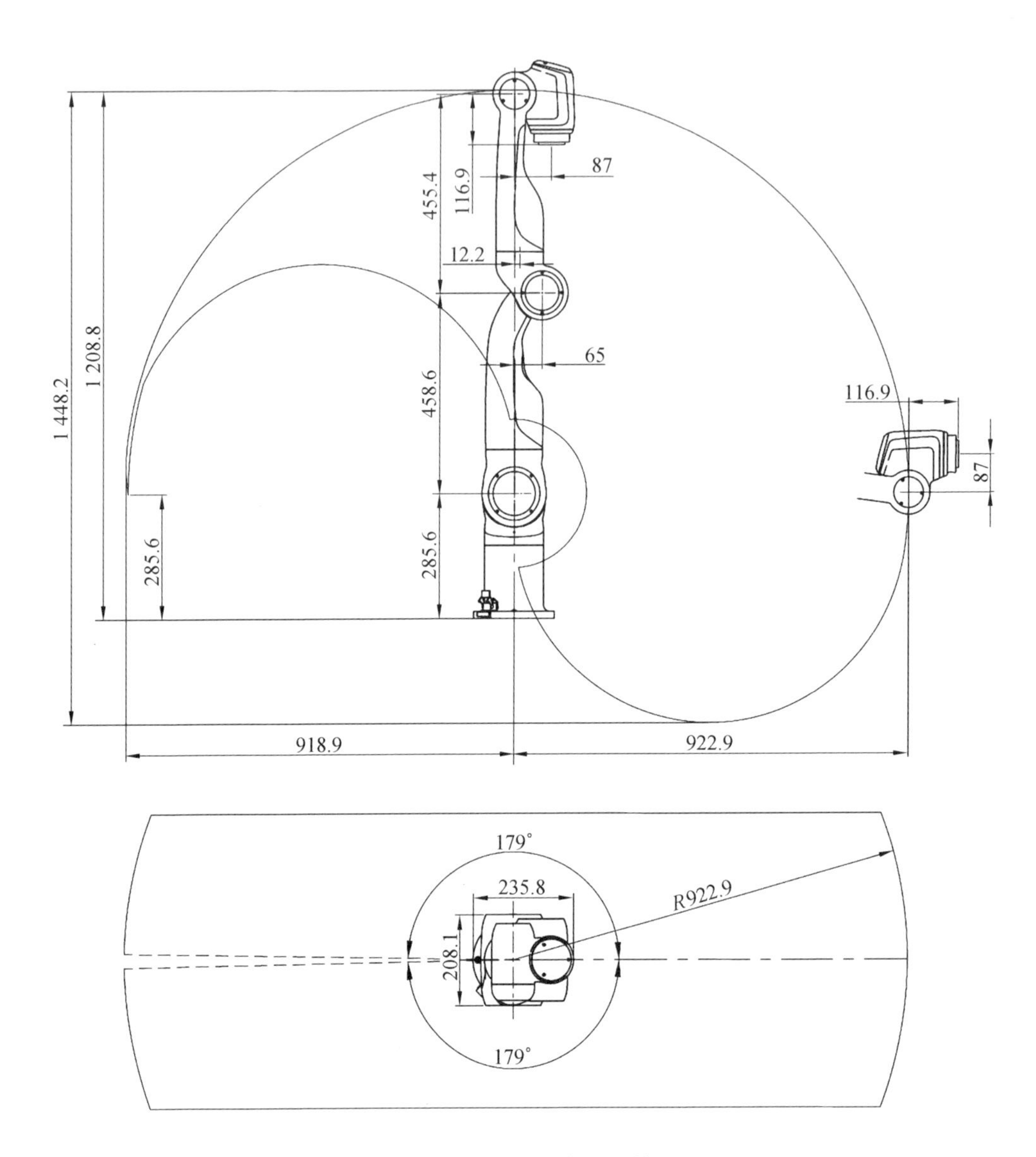

图 2.4　Diana 7 机器人工作空间（单位：mm）

3. 机器人归零姿态

Diana 7 机器人归零位姿，如图 2.5 所示（同图 2.3 右上方）。

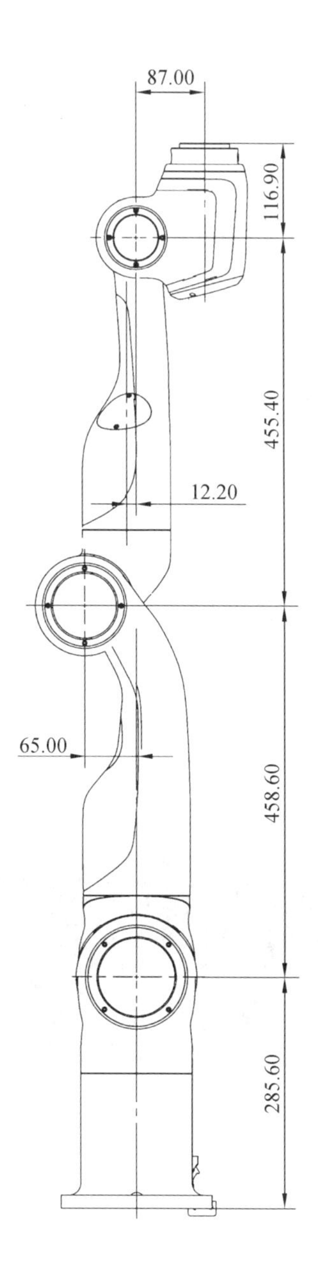

图 2.5　Diana 7 机器人归零位姿（单位：mm）

4. 机器人装箱姿态

Diana 7 机器人放入包装箱时，应按照表 2.3 进行关节角度设置，调整机器人至装箱位姿。

表 2.3　机器人装箱位姿

关节号	角度/（°）
关节 1	-135
关节 2	0
关节 3	0
关节 4	174.9
关节 5	0
关节 6	-1.1
关节 7	0

2.2.2　控制箱

Diana 7 机器人配备的 CB2T/CB2TD 控制箱主要提供系统供电、机器人连接及控制、用户 I/O 配置、以太网通信等功能。

CB2T/CB2TD 控制箱可悬挂于墙壁上，也可放置在地面上或机柜内。控制箱应与其他物体之间保留至少 50 mm 的空隙，以确保空气流通顺畅，便于控制箱散热。CB2T 控制箱如图 2.6 所示。

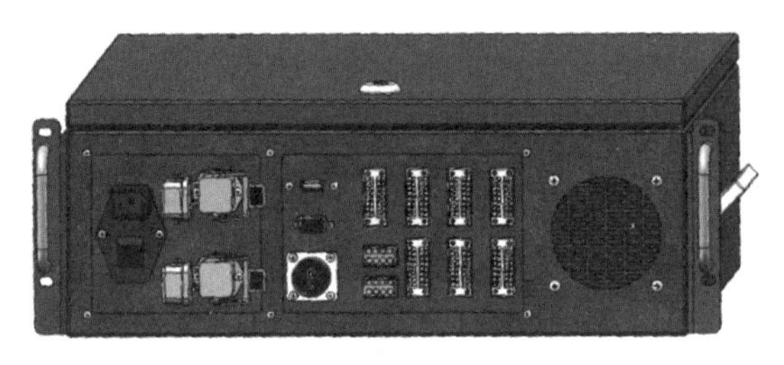

图 2.6　CB2T 控制箱

CB2T 控制箱的基本参数见表 2.4。

表 2.4　CB2T 控制箱的基本参数

控制箱			
本体与控制箱连接电缆长度	5.0 m	尺寸	483 mm×439 mm×160 mm
控制箱电源线长度	3.0 m	质量	17 kg
I/O 电源	24 V/2 A	通信	以太网/RS-232/USB3.0
工作温度	0～500 ℃	工作湿度	90% RH（非冷凝）

图 2.7 所示为 CB2T 控制箱尺寸图，所有的尺寸均以 mm 为单位。

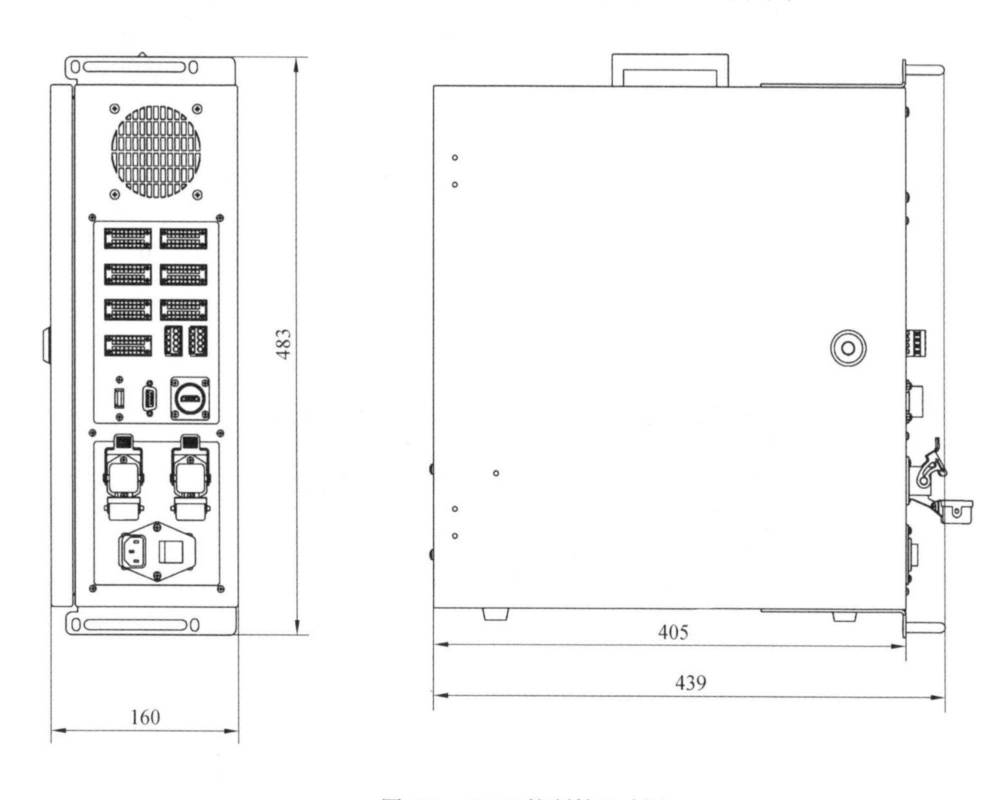

图 2.7　CB2T 控制箱尺寸图

2.2.3　示教器

Diana 7 机械臂示教编程系统是运行在示教器上的图形化用户界面，能对机械臂进行手动控制，操纵机械臂运动；为机械臂编写程序，并控制程序的执行，使机械臂按照提前设计的程序运行；为机械臂系统设定系统参数并查看系统运行日志。示教器（选配），如图 2.8 所示。示教器软件图标，如图 2.9 所示。

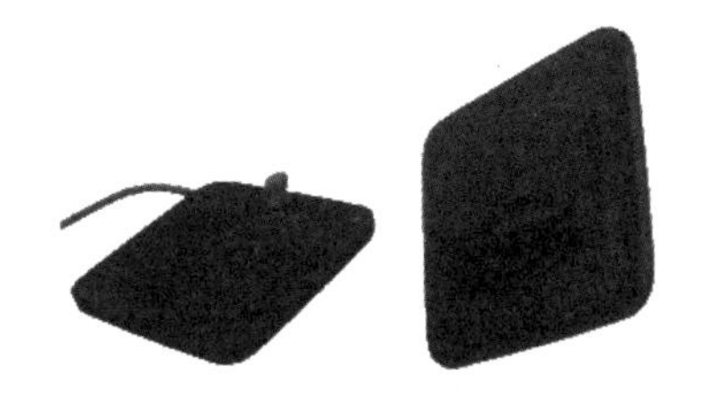

图 2.8　示教器（选配）

图 2.9　示教器软件图标

2.3 机器人系统电气接口

※ 机器人系统电气接口简介

本节描述了Diana 7机器人本体和CB2T控制箱的电气接口。

2.3.1 电气接口构成

控制箱所有电气接口位于前面板。CB2T控制箱前面板电气接口如图2.10所示，CB2T控制箱接口功能见表2.5。

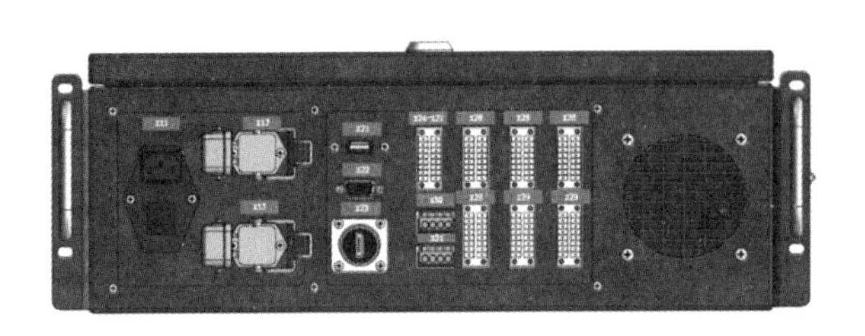

图2.10 CB2T控制箱前面板电气接口

表2.5 CB2T控制箱接口功能

编号	接口名称	功能描述
X11	电源输入及开关	连接市电、控制控制箱上电
X12	机械臂本体接口	连接机械臂本体
X13	用户网口	连接上位机
X21	用户USB接口	用于控制箱软件及固件升级
X22	RS232通信接口	RS232通信DB9接口
X23	示教器（选配）接口	连接示教器（示教器为选配件）
X24	工具I/O电源选择接口	工具I/O连接外部电源或选择内部电源
X25	复位接口	接复位按钮
X26	接地接口	PE外壳接地接口
X27	模拟输入、输出接口	2路模拟输入AI、2路模拟输出AO
X28	数字输入	32路数字输入DI
X29	数字输出	16路数字输出DO
X30	急停接口	E_STOP接口
X31	保护停止接口	S_STOP接口

2.3.2　用户网口

用户可通过网口访问和控制机械臂。控制箱上的网口类型为 RJ45 重载连接器。可使用标准网线与控制箱上的重载 RJ45 插座连接，也可使用重载连接器加强网口连接强度。

2.3.3　RS-232 通信接口

用户可通过 RS-232 通信接口实现与上位机通信。控制箱上的 RS-232 通信物理接口为 DB9 母头。

2.3.4　用户 USB 接口

控制箱前面板集成 1 路用户 USB 接口，可用于机器人软件更新升级。

2.3.5　示教器（选配）接口

如选配示教器，示教器可通过自带长 8 m 的电缆与控制箱连接，连接件类型为航空插头。连接时先取下航插保护帽，将插头接口方向与插座接口方向对准后插入插座，然后顺时针旋转旋钮，确认连接锁紧。

2.3.6　停止及复位接口

机器人控制箱有紧急停止和保护停止两种接口。紧急停止用于应对危险情况，保护停止用于连接外部安全增强器件。

如果机器人在运行过程中发生任何异常，用户应按下紧急停止按钮停止机器人运动。如需从急停状态恢复机器人运动，用户须经过现场工况检查，确认设备正常后，方可旋起停止按钮，并触发复位按钮使机械臂重新上电。

紧急停止接口采用双路安全冗余接线设计，应使用双路常闭急停连接。急停接线方式如图 2.11 所示。

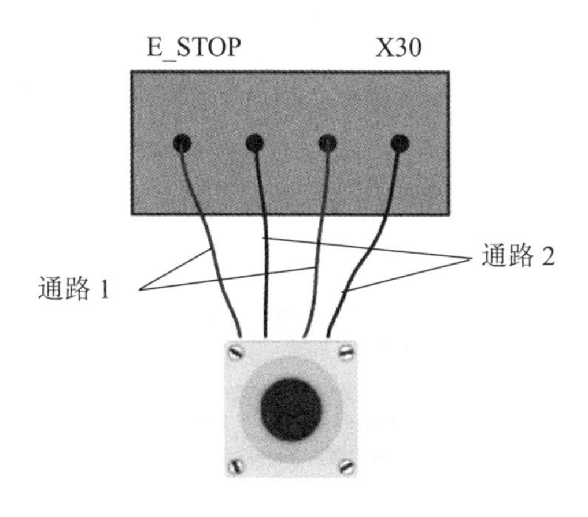

图 2.11　急停接线方式

示教器（选配）急停与控制箱外接急停串联连接。当使用示教器（选配）急停时，可选择不外接紧急停止接口，此时需要将控制箱急停接口进行短接。急停接口短接方式如图 2.12 所示（灰线和黑线分别代表两个通路）。

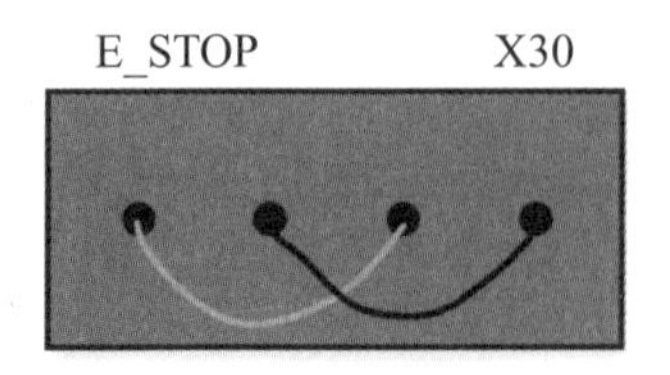

图 2.12　急停接口短接方式

保护停止用于外接安全增强器件（如安全光幕等）。保护停止与急停接口类似，采用双路安全冗余接线设计，双路都应进行连接。保护停止接线方式如图 2.13 所示。

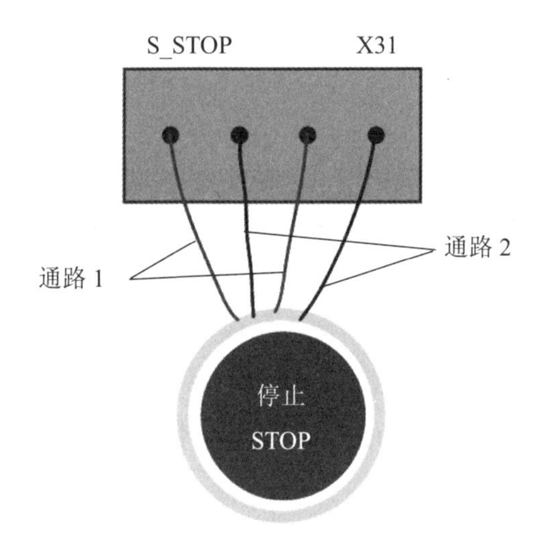

图 2.13　保护停止接线方式

当具体应用中不需要外接安全增强器件时，保护停止在功能上则不需要，但需要将 X31 上的双路都进行短接。保护停止接口短接方式如图 2.14 所示（灰线和黑线分别代表两个通路）。

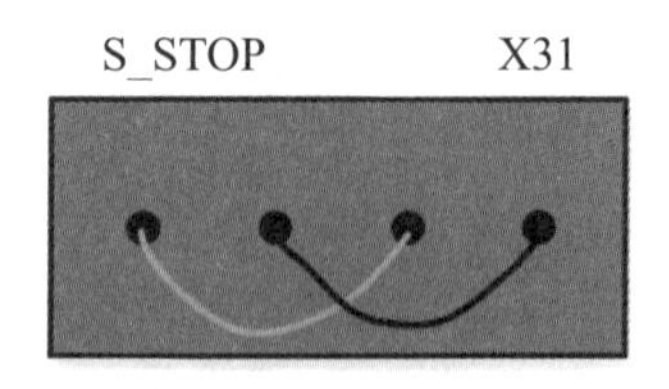

图 2.14　保护停止接口短接方式

复位按钮用于对紧急停止安全回路进行复位。机器人工作前，必须先将复位按钮连接到控制箱。当排除紧急状态后，需先将急停按钮恢复到弹起状态，然后按复位按钮使机械臂动力源恢复。复位按钮连接线不区分正负，具体如图 2.15 所示。

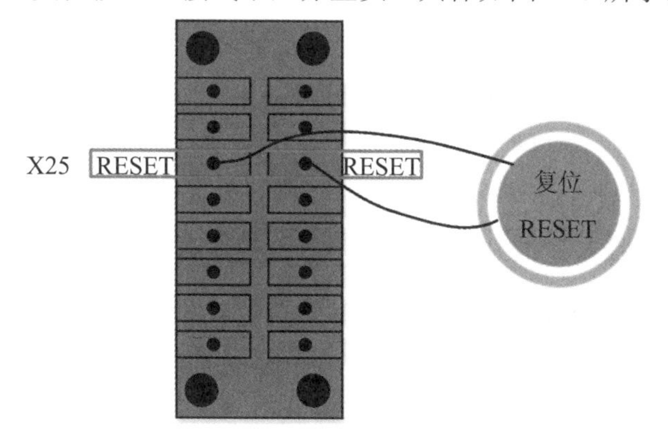

图 2.15　复位接口接线示意

2.3.7　控制箱通用 I/O

1. 通用 I/O 接口组成和布局

通用 I/O 接口组成和布局，如图 2.16 所示。

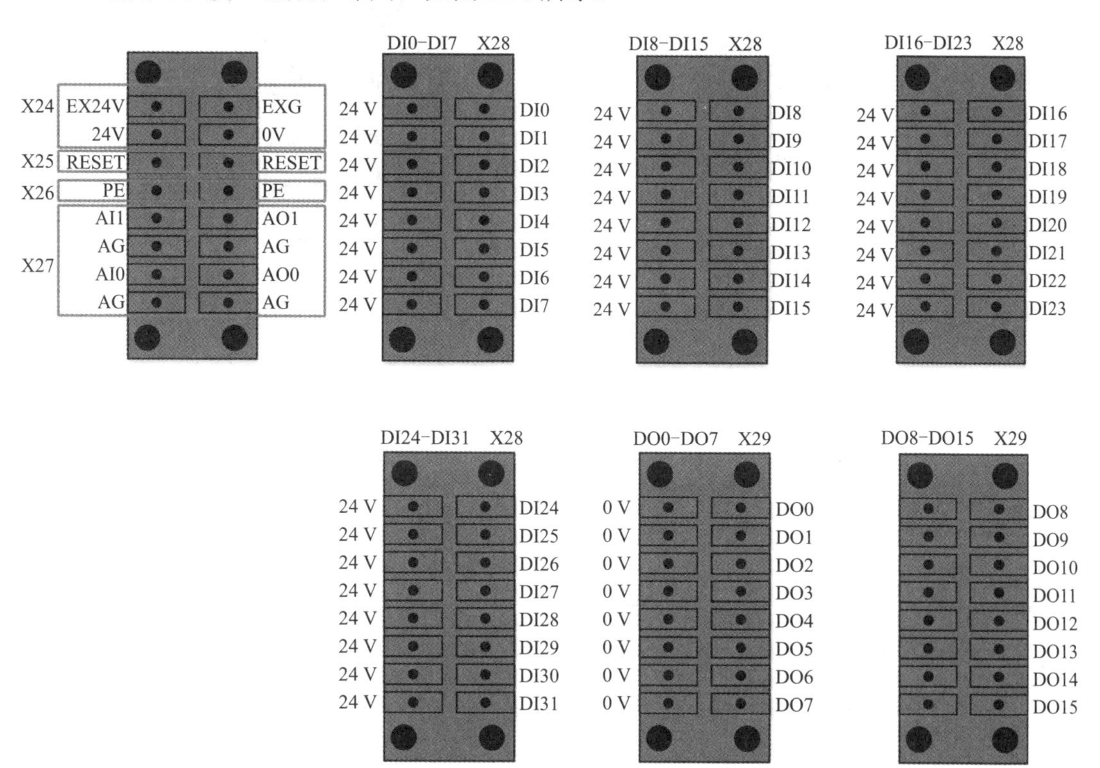

图 2.16　通用 I/O 接口组成和布局

通用 I/O 接口由以下几项组成：

❋ X24 工具 I/O 电源选择接口。

❋ X26 接地接口。

❋ X27 2 路模拟输入（AI）。

❋ X27 2 路模拟输出（AO）。

❋ X28 32 路数字输入（DI）。

❋ X29 16 路数字输出（DO）。

2. 通用数字 I/O 接口规范

通用数字 I/O 接口可由内部 24 V 电源供电，也可由外部 24 V 电源供电。使用内部 24 V 电源供电时，采取图 2.17（a）所示连接方式；使用外部 24 V 电源供电时，采取图 2.17（b）所示连接方式。出厂默认配置为使用内部电源。

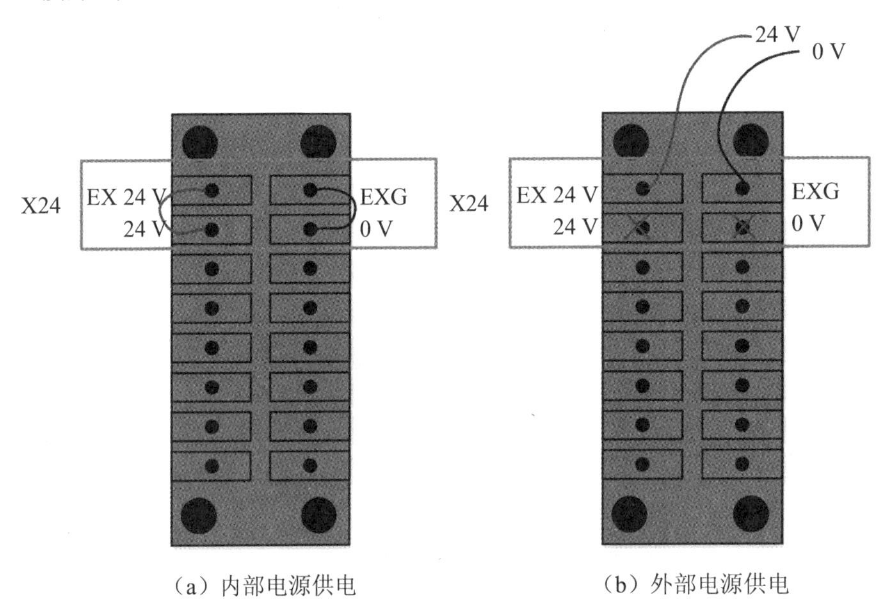

（a）内部电源供电　　（b）外部电源供电

图 2.17　通用数字 I/O 接口供电方式

通用数字 I/O 接口采用隔离接口，符合标准 IEC 61131-2。电源及数字通用 I/O 接口电气规范见表 2.6～2.9。

表 2.6　内置电源电气规范

内置 24 V 电源	EX24V～EXG		
描述	最小值	典型值	最大值
电压/V	23	24	25
电流/A	0		2

表 2.7 外部电源电气规范

外部 24 V 电源	EX24V～EXG		
描述	最小值	典型值	最大值
电压/V	20	24	25
电流/A	0		6

表 2.8 数字输出（DO）电气规范

数字数出	DO0～DO15		
描述	最小值	典型值	最大值
电流/A	0		1
电压降/V	0		0.5
漏电流/mA	0		0.1
功能类型		PNP	
IEC 61131-2 类型		1 A	

表 2.9 数字输入（DI）电气规范

数字数入	DI0～DI31		
描述	最小值	典型值	最大值
电压/V	−3		30
输入低压/V	−3		5
输入高压/V	11		30
电流/mA	2		15
功能类型		PNP	
IEC 61131-2 类型		3	

3. 数字输入（DI）示例

控制箱前面板上的 32 路数字输入端（DI）用于读取开关量、传感器数字输出、PLC 等数字量信号。以开关为示例，DI 端接法如图 2.18 所示。

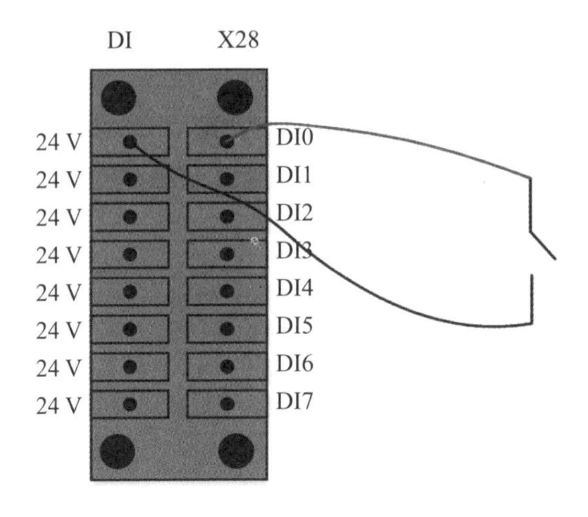

图 2.18　DI 端开关接法

4. 数字输出（DO）示例

控制箱前面板上的 16 路通用数字输出端(DO)可与负载直接相连，也可以和 PLC 或者其他机器人通信。

DO 端口都是以高边开关的形式工作，其结构如图 2.19 所示。

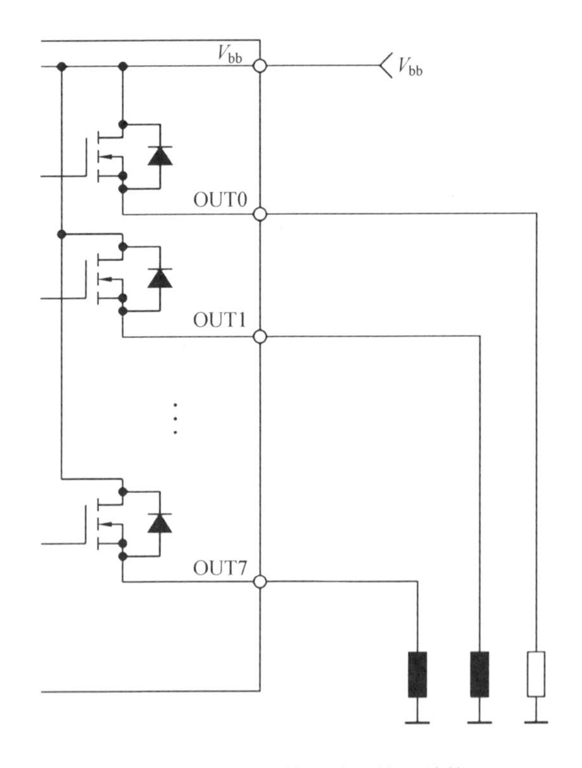

图 2.19　数字输出接口结构

当用户写入逻辑“1”时，MOS管导通，OUT与电源（24 V）导通，输出为高；当用户写入逻辑“0”时，MOS管断开，输出为低。控制箱上电后，DO默认控制逻辑为“0”，输出为低。数字输出接负载示例，如图2.20所示。

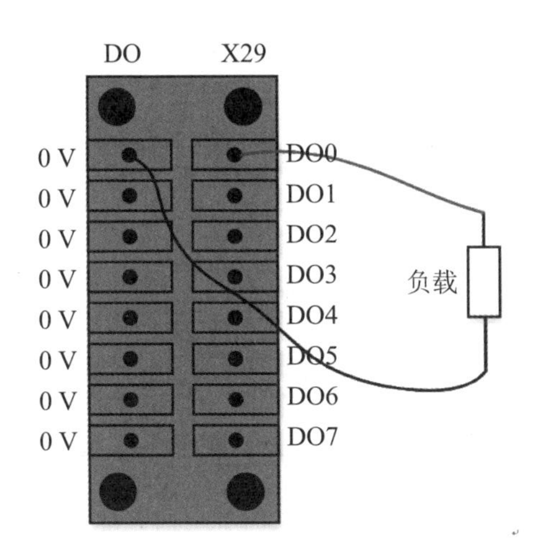

图2.20　数字输出接负载示例

5. 模拟I/O接口规范

模拟I/O接口为控制箱前面板上的X26接口。此接口可用于设置或测量其他设备的电压（0～10 V）或电流（4～20 mA）。

为获得最高准确度，建议遵循以下说明：

❋ 设备和控制箱内电路使用相同的接地（AG）。模拟 I/O 未与控制箱进行电气隔离。

❋ 使用屏蔽电缆或双绞线，将屏蔽线与X24端子的机壳地PE接口相连。

用户可以在软示教器图形用户界面选择输入、输出模式。

模拟I/O接口电气规范见表2.10～2.13。

表2.10　电流输入电气规范

电流模式下的模拟输入	AI0～AI1		
描述	最小值	典型值	最大值
输入电流/mA	4		20
输入电阻/Ω		20	
分辨率/bit		12	

表 2.11　电压输入电气规范

电压模式下的模拟输入	AI0～AI1		
描述	最小值	典型值	最大值
输入电压/V	0		10
输入电阻/kΩ		10	
分辨率/bit		12	

表 2.12　电流输出电气规范

电流模式下的模拟输出	AO0～AO1		
描述	最小值	典型值	最大值
输出电流/mA	4		20
输出电压/V	0		24
分辨率/bit		12	

表 2.13　电压输出电气规范

电压模式下的模拟输出	AO0～AO1		
描述	最小值	典型值	最大值
输出电压/V	0		10
输出内阻/Ω		1	
分辨率/bit		12	

6. 模拟输入（AI）示例

可将符合上述电气规范（表 2.10～2.13）的传感器电压或电流信号输入 AIO 接口进行信号采集。以模拟传感器连接为例，参考接法如图 2.21 所示。

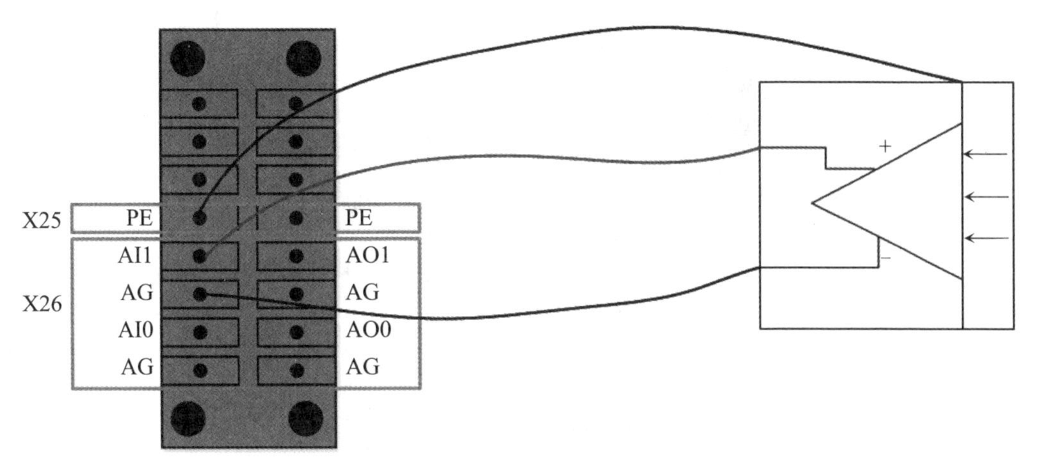

图 2.21　模拟传感器连接参考接法

7. 模拟输出（AO）示例

模拟 I/O 电流输出示例，控制传送带运动，参考接法如图 2.22 所示。

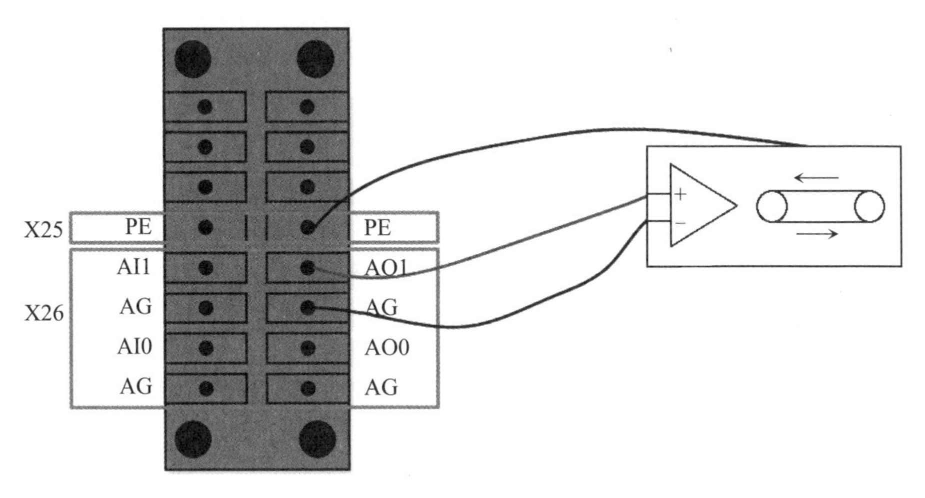

图 2.22　模拟输出（AO）接法示例

2.4　机器人组装

2.4.1　组装机器人

Diana 7 机器人支持 360° 任意姿态安装，并支持正装、壁挂、倒装等多种安装方式，如图 2.23 所示。

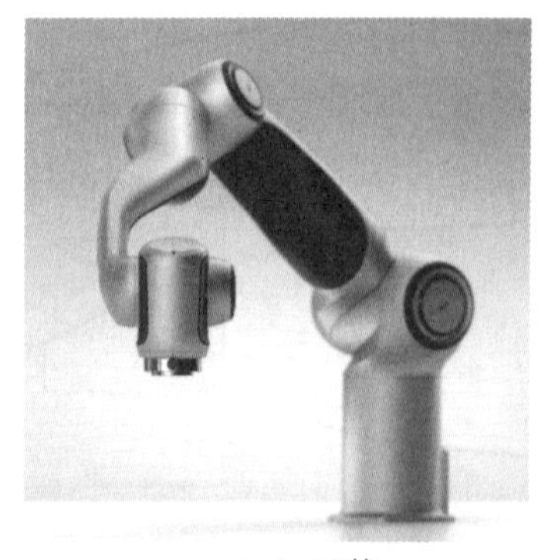
（a）正装

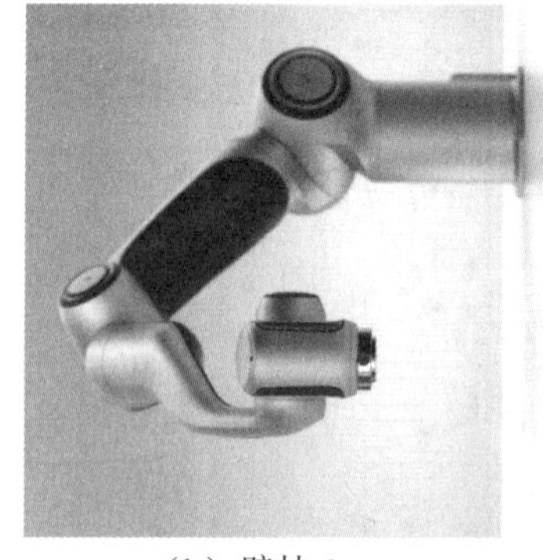
（b）壁挂 1

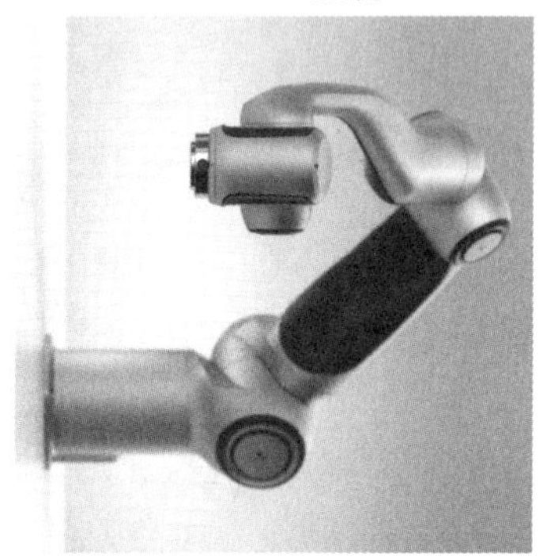
（c）壁挂 2

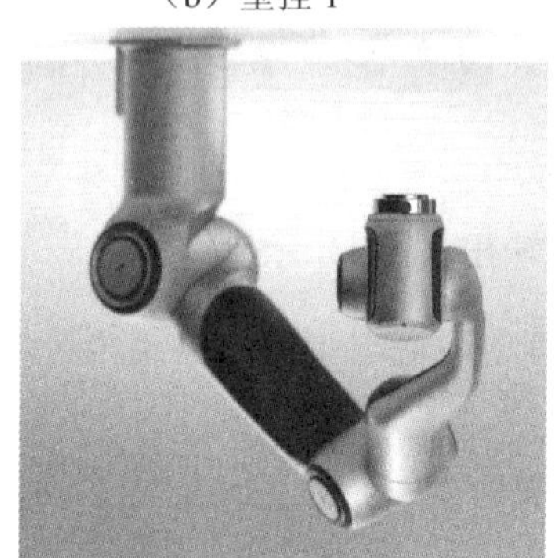
（d）倒装

图 2.23　Diana 7 支持任意方向安装

Diana 7 安装前的注意事项如下。

（1）开箱后仔细检查清单与实物，检查机器人有无运输过程中的意外损伤。工具准备：一套内六角扳手，4 个 M8 螺钉，4 个 M6 螺钉（如有外部工具需要安装），Diana 7 本体和线缆（图 2.24）。

（2）安装过程只需要两个人，一个人扶住机械臂，另一个人实现机器人本体与底座的安装。

（3）将机器人控制箱搬至干燥、无灰尘及油烟的存放台，搬运过程中注意不要损坏机器人控制箱接口。

（4）安装机器人线缆及控制柜线缆时注意尽量使线缆进入线槽或工作台内部，并将多余线缆整齐盘好，防止意外受损。

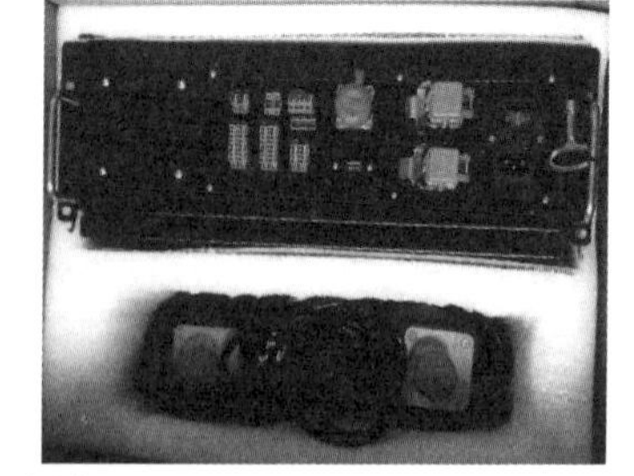

图 2.24　Diana 7 本体和线缆

1. 机器人本体安装固定

Diana 7 机器人由 4 个 M8 mm 螺钉将本体安装到机器人底座上。为了能更加快速准确地安装这些螺钉，可以通过底座上两个ϕ8 mm 的销钉孔进行定位。

机器人需要安装在坚固的平面上，该平面至少应能够承受 10 倍基关节最大扭矩以及至少 5 倍机器人质量。此外，需要保证该平面没有振动。如果机器人安装在线性轴或活动平台上，活动平台的加速度不应过高。

图 2.25 所示为 Diana 7 机器人的底座安装尺寸图，所有的尺寸均以 mm 为单位。

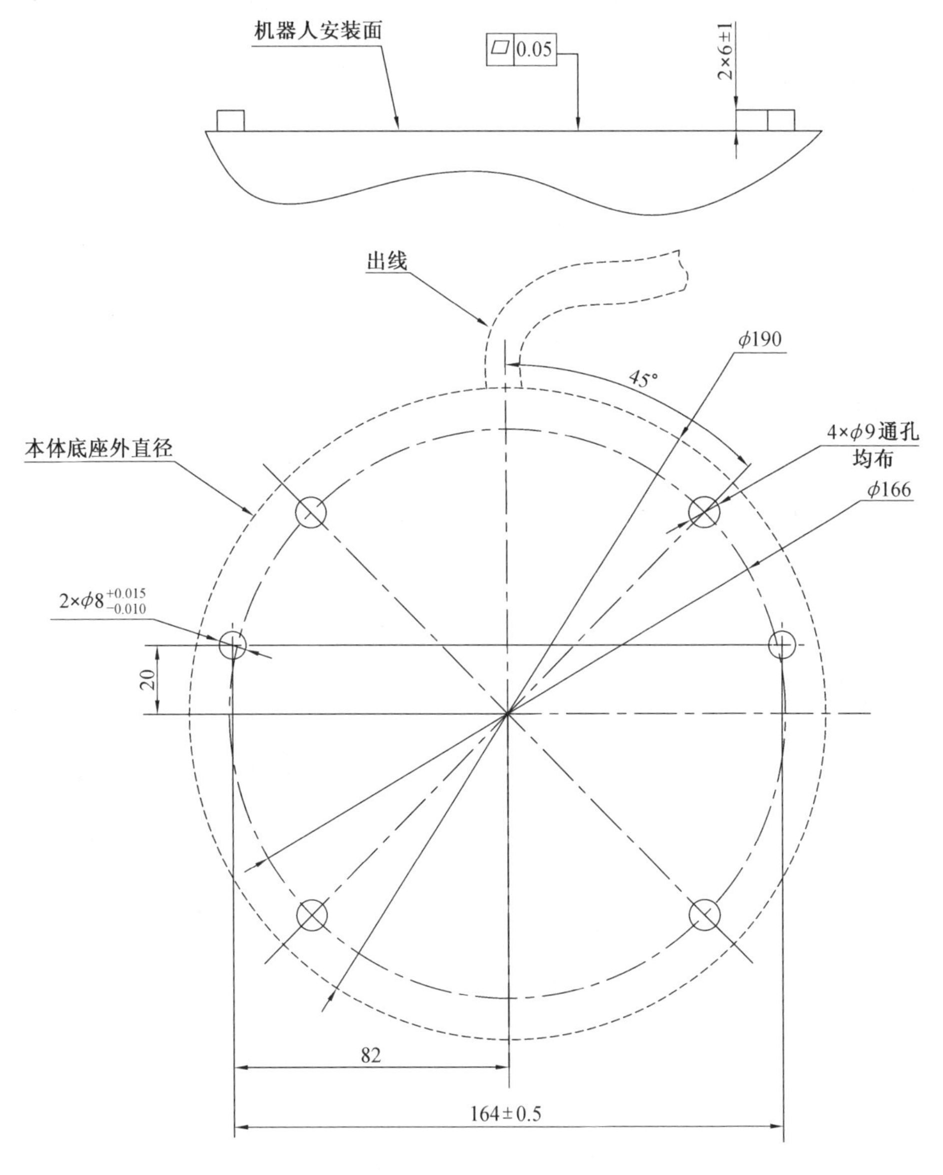

图 2.25　Diana 7 机器人底座安装尺寸图

2. 末端法兰机械结构

Diana 7 末端法兰机械结构如图 2.26 所示，所有尺寸均以 mm 为单位。

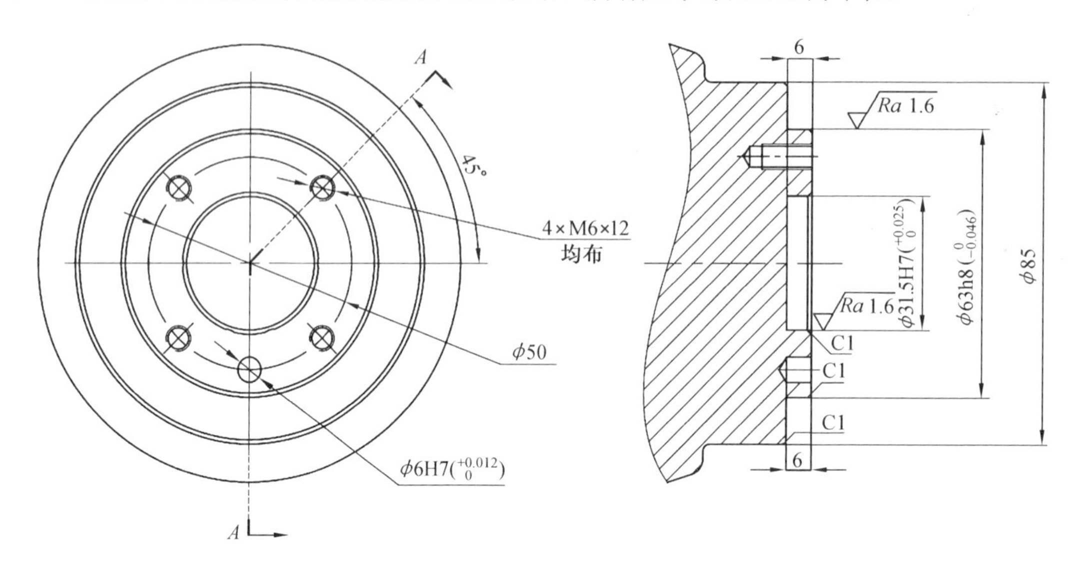

图 2.26 Diana 7 机器人末端法兰机械结构

3. 末端工具安装

以 Y 形夹具为例：

第一步：选取模拟激光夹具孔位 1、孔位 2，吸盘夹具孔位 1、孔位 2 和 Y 形结构体的孔位 1、孔位 2、孔位 3、孔位 4，如图 2.27 所示。

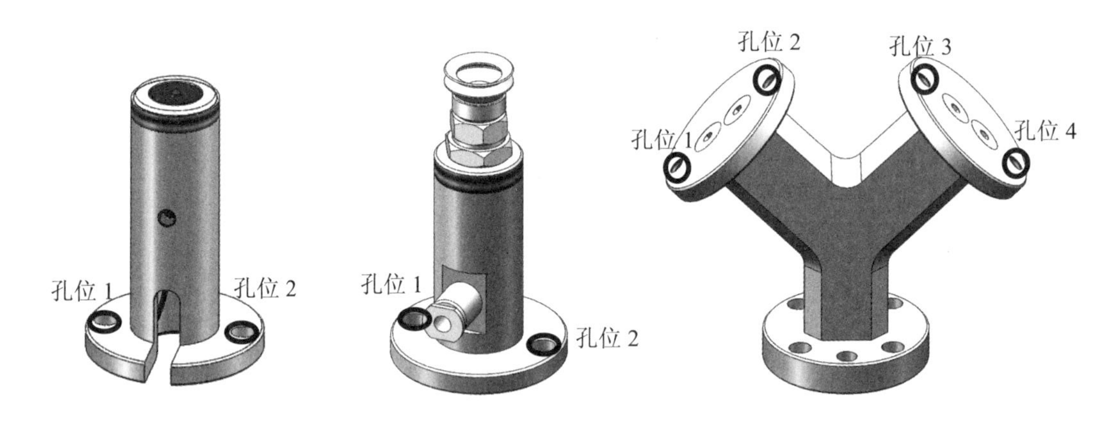

（a）模拟激光夹具安装孔位 （b）吸盘夹具安装孔位 （c）Y 形结构体安装孔位

图 2.27 安装孔位

第二步：使用 M4 螺丝将模拟激光夹具安装到 Y 形结构体上（模拟激光夹具的孔位 1、孔位 2 分别对应 Y 形结构体的孔位 1、孔位 2）；使用 M4 螺丝将吸盘夹具安装到 Y

形结构体上（吸盘夹具的孔位 1、孔位 2 分别对应 Y 形结构体的孔位 3、孔位 4），安装效果如图 2.28 所示。

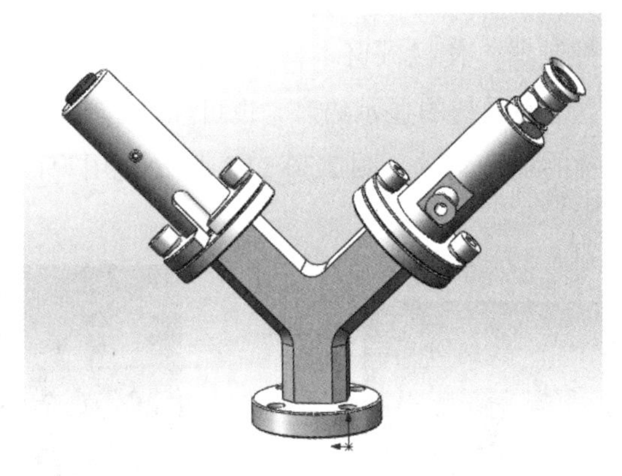

图 2.28　安装效果

Diana 7 机器人的末端法兰有 4 个 M6 螺纹孔，用于安装工具。

安装末端工具时，应使用销钉穿过直径为 6 mm 的销钉孔进行定位，然后安装螺钉，并且需要施加约 13 N·m 的扭矩进行螺钉紧固。

2.4.2　电缆线连接

机器人本体与控制箱通过一根长 5 m 的电缆连接，电缆两端接口均为重载连接器。机器人本体和控制箱接口均为母头插座，电缆两端均为公头插头（图 2.29）。

电缆连接机器人本体及控制箱时，分别打开控制箱重载接口和本体重载接口的尾罩，电缆连接好后扣紧卡扣。

用户可通过网口访问和控制机械臂。控制箱上的网口类型为 RJ45 重载连接器。可使用标准网线与控制箱上的重载 RJ45 插座连接，也可使用重载连接器加强网口连接强度。

控制箱前面板集成 1 路 USB 接口，可用于机器人软件更新升级。

图 2.29　机器人与控制器之间的电缆线连接

2.4.3 启动机器人

用户可随时通过点击软件右上角的【⁝⁝⁝】按钮，调出主菜单。用户开机后，需要先通过主菜单登录机械臂控制器，使机械臂本体与控制箱建立通信，之后才可以对机械臂进行操控。如果用户希望切换系统的显示语言，也可以通过主菜单进行切换。图 2.30（a）所示是用户未登录时显示的功能菜单，图 2.30（b）所示是用户已成功登录后点击菜单显示的功能菜单。

（a）用户未登录

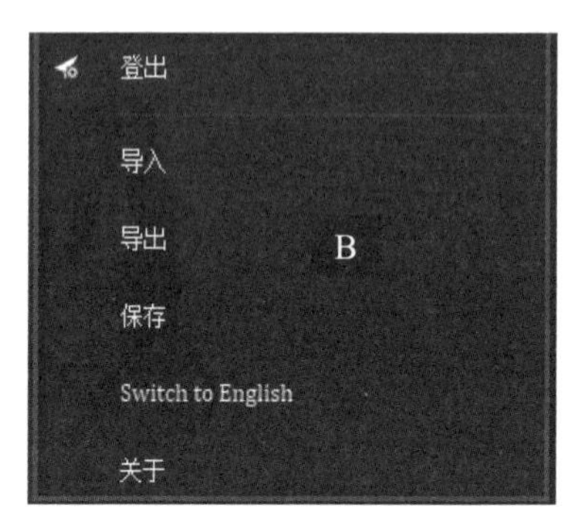

（b）用户已成功登录

图 2.30 主菜单

首次启动机器人之前，应密切关注机器人的运动空间。一般情况下，因机器人安装在工作台面之上，机器人末端不应低于机器人基座，以避免机器人与工作台面发生碰撞。如需机器人末端运动到低于基座水平面位置，建议将机器人安装在较小的安装基座上，使机器人末端可以运动到基座以下的位置。

启动机器人的操作步骤见表 2.14。

表 2.14 启动机器人的操作步骤

序号	图片示例	操作步骤
1	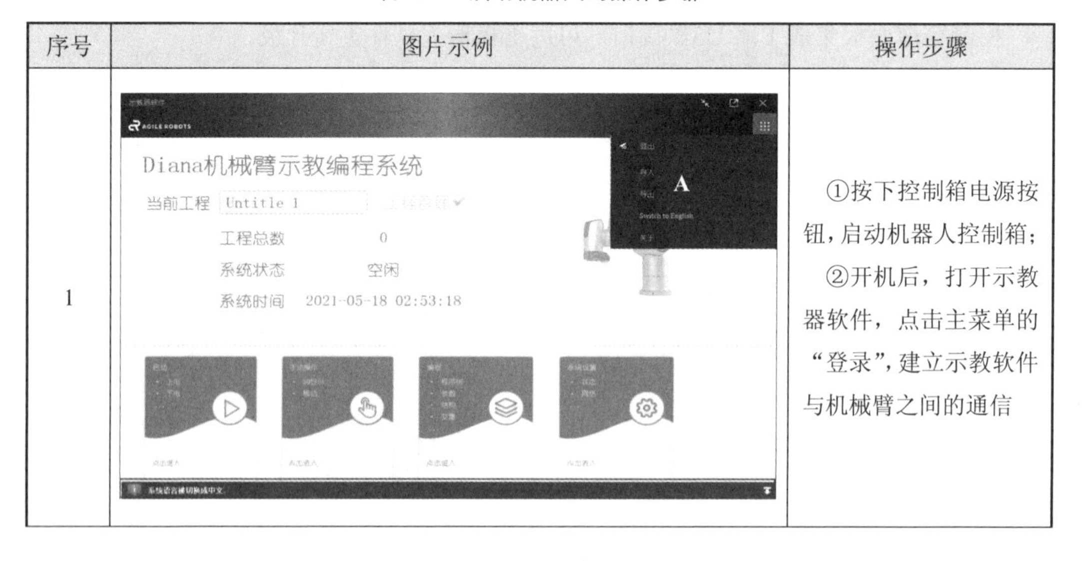	①按下控制箱电源按钮，启动机器人控制箱； ②开机后，打开示教器软件，点击主菜单的“登录”，建立示教软件与机械臂之间的通信

续表 2.14

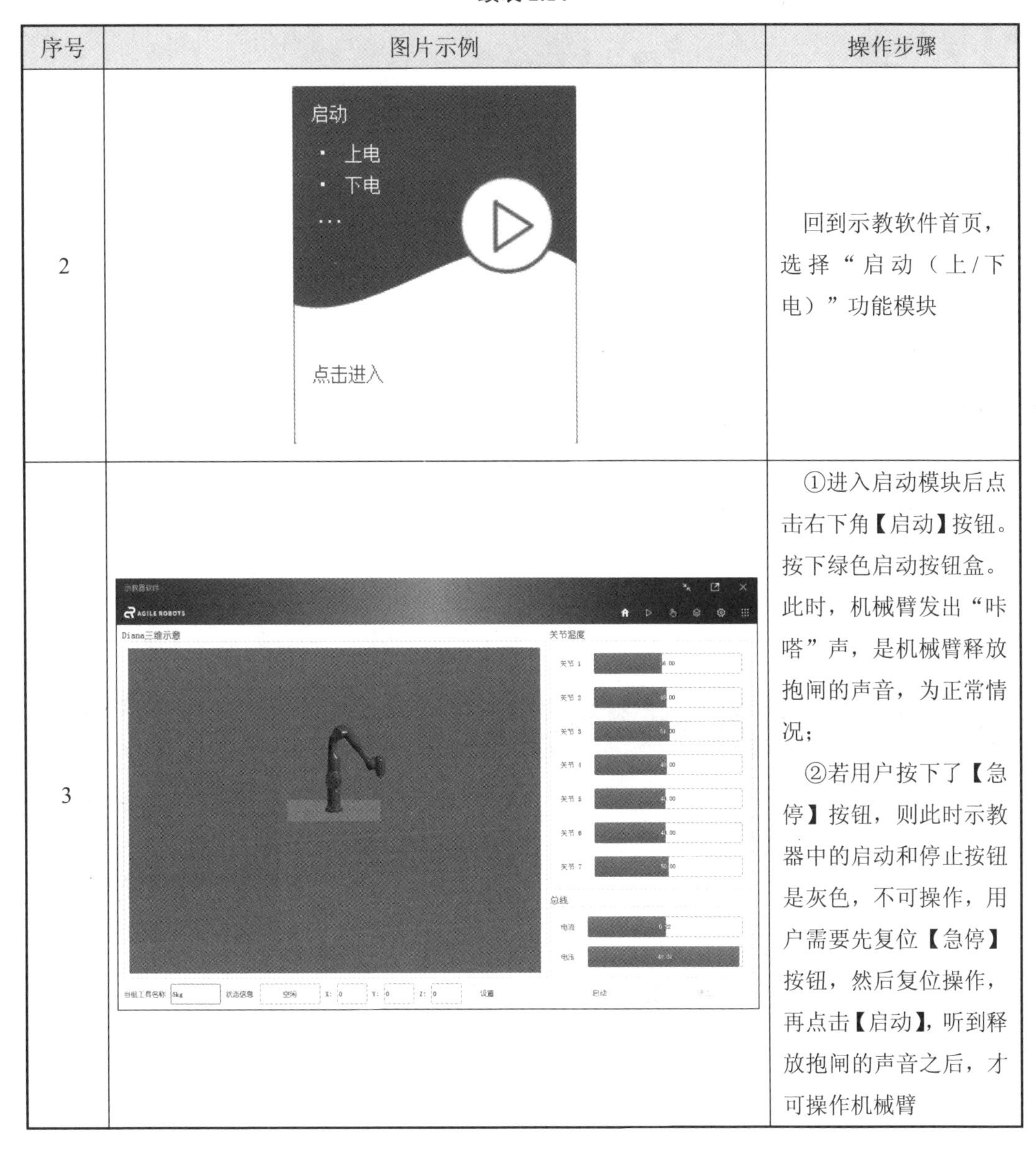

序号	图片示例	操作步骤
2		回到示教软件首页，选择“启动（上/下电）”功能模块
3		①进入启动模块后点击右下角【启动】按钮。按下绿色启动按钮盒。此时，机械臂发出“咔嗒”声，是机械臂释放抱闸的声音，为正常情况； ②若用户按下了【急停】按钮，则此时示教器中的启动和停止按钮是灰色，不可操作，用户需要先复位【急停】按钮，然后复位操作，再点击【启动】，听到释放抱闸的声音之后，才可操作机械臂

第 3 章　智能力控机器人应用基础

3.1　软件简介

❋ 软件简介

3.1.1　软件首页

Diana 机械臂示教编程系统是运行在计算机上的图形化用户界面程序，主要提供如下几方面功能：

（1）对机械臂进行手动控制，操纵机械臂运动。

（2）为机械臂编写程序，并控制程序的执行。

（3）为机械臂系统设定系统参数并查看系统日志。

如图 3.1 软件首页（1）以及图 3.2 软件首页（2）中标注所示，各区域功能如下。

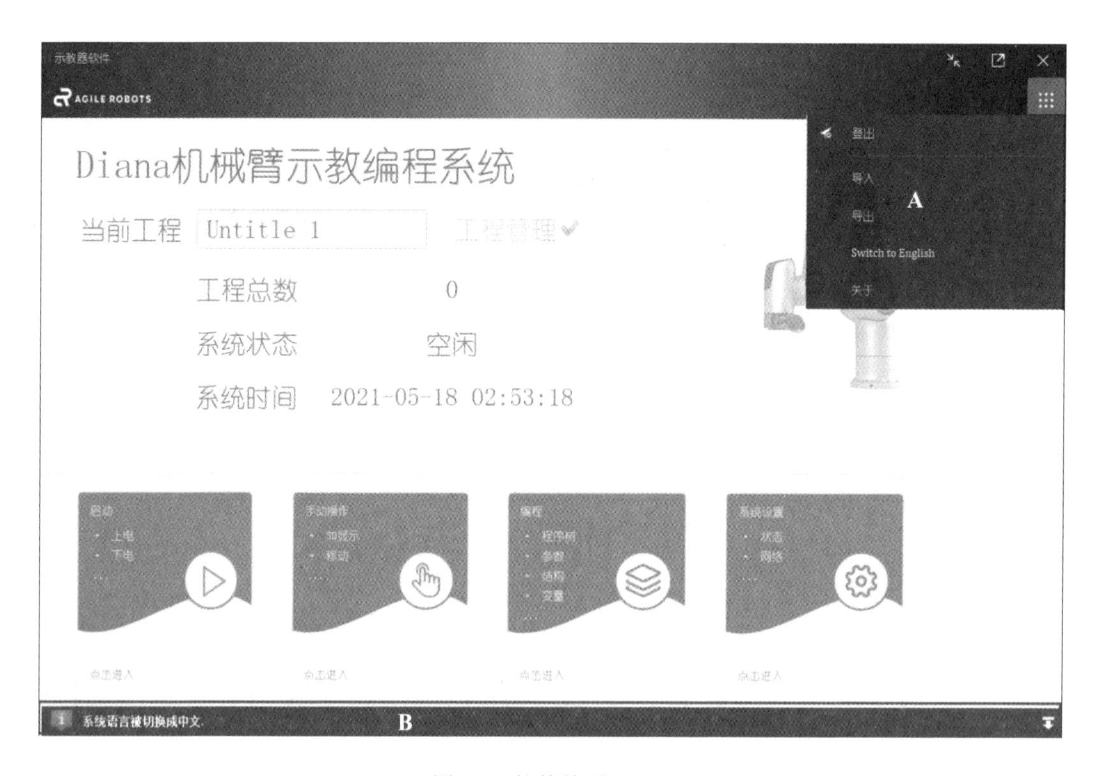

图 3.1　软件首页（1）

图 3.2　软件首页（2）

A——软件主菜单区域。在本系统的任何软件界面，点击右上角的菜单图标，都可以弹出主菜单，进行快捷操作。

B——软件通知区域。当软件希望提示用户信息，但是又不希望打断用户操作时，会采用通知的方式，通知停留在该区域，5 s 后自动消失，用户也可以手动点击该区域右边的图标，随时关闭当前通知。

C——系统概况区域。该区域用于显示当前工程信息、系统状态、系统时间等信息。

D——功能入口区域。用户可通过该区域的引导按钮，进入不同的功能块，进而使用机械臂。

3.1.2　启动模块界面

点击图 3.2 中的“启动”图标，进入启动功能模块后，其界面如图 3.3 所示，此界面主要包含 4 部分：Diana 三维示意图、关节温度、工具参数和抱闸开关按钮。

其中 Diana 三维示意图会实时显示机械臂的姿态；关节温度显示各个关节的温度；工具参数显示当前工具的名称和机械臂末端负载质量值；抱闸开关包含两个按钮，分别为【启动】和【停止】，抱闸开启和关闭分别代表机械臂本体上、下电。

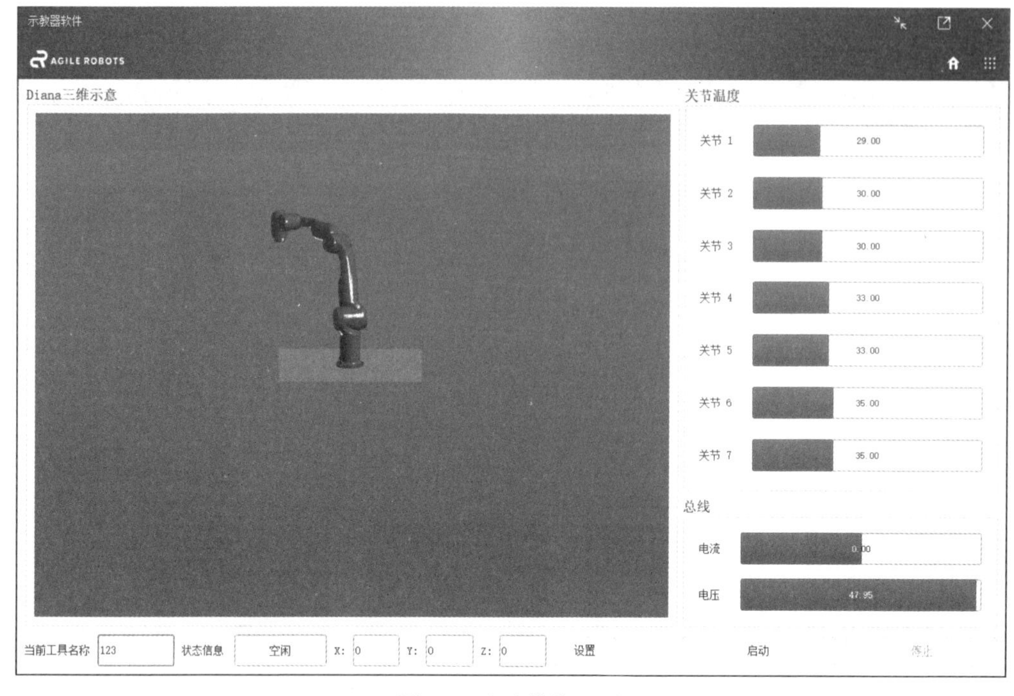

图 3.3　启动模块界面

3.1.3　手动操作模块界面

在启动模块点击【启动】，打开抱闸后，进入主界面，然后点击“手动操作”图标进入手动操作模块，该模块界面如图 3.4 所示。

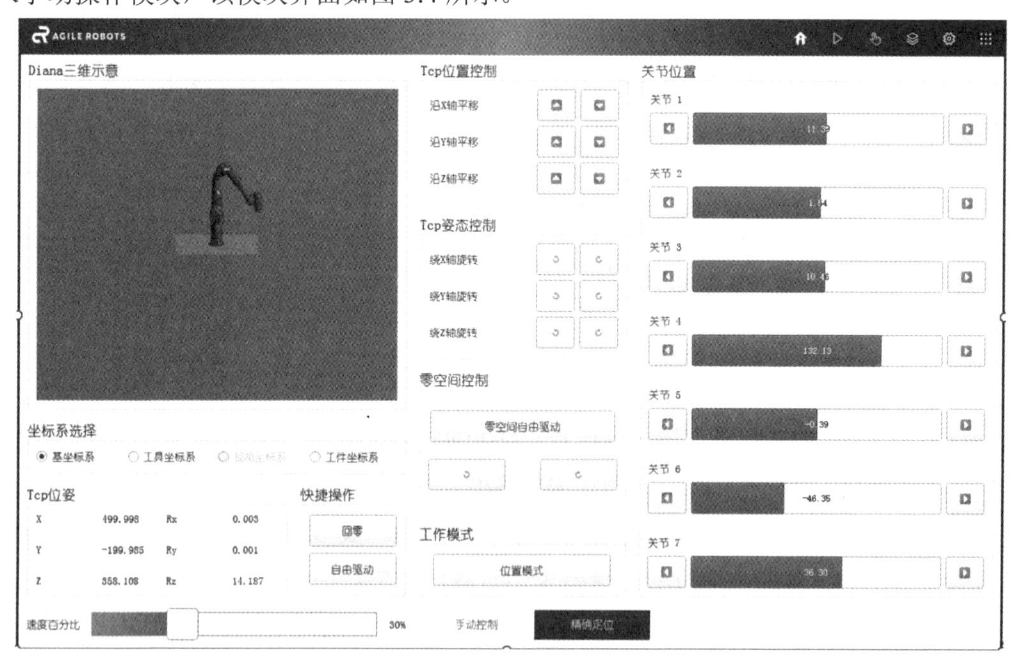

图 3.4　手动操作模块界面

Diana 7 机器人在末端法兰侧面有【拖拽】按钮。按下【拖拽】按钮，机器人进入拖动示教模式；松开【拖拽】按钮，机器人退出拖动示教模式。拖动示教模式下，用户可以拖动机器人末端至期望点。【拖拽】按钮及拖拽模式下机器人末端的姿势，如图 3.5 所示。

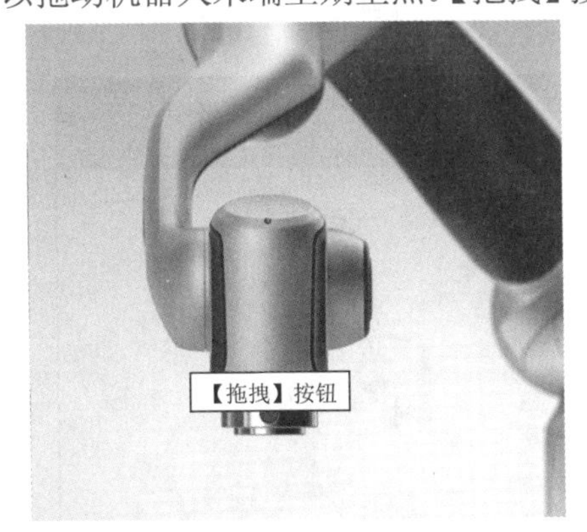

图 3.5　【拖拽】按钮及拖拽模式下机器人末端的姿势

3.1.4　编程控制模块界面

编程控制模块，主要包含程序树指令添加、指令参数配置、系统变量、程序执行等功能，用户通过编程可提前规划运行路径，然后运行程序让机械臂自动按照预先设计的路径运动。

编程控制模块界面中，程序树区域可列举相应的程序及所属指令，指令参数页可进行相应指令的描述编辑及参数修改，指令组件区域可以选择命令指令进行添加、编辑等操作。编程控制模块界面如图 3.6 所示。

图 3.6　编程控制模块界面

3.1.5 系统设置界面

从首页的功能入口区域点击“系统设置”图标或者快捷按钮【⚙】，进入系统设置界面，该部分功能主要用于展示系统状态和设置系统参数。系统设置入口如图 3.7 所示。

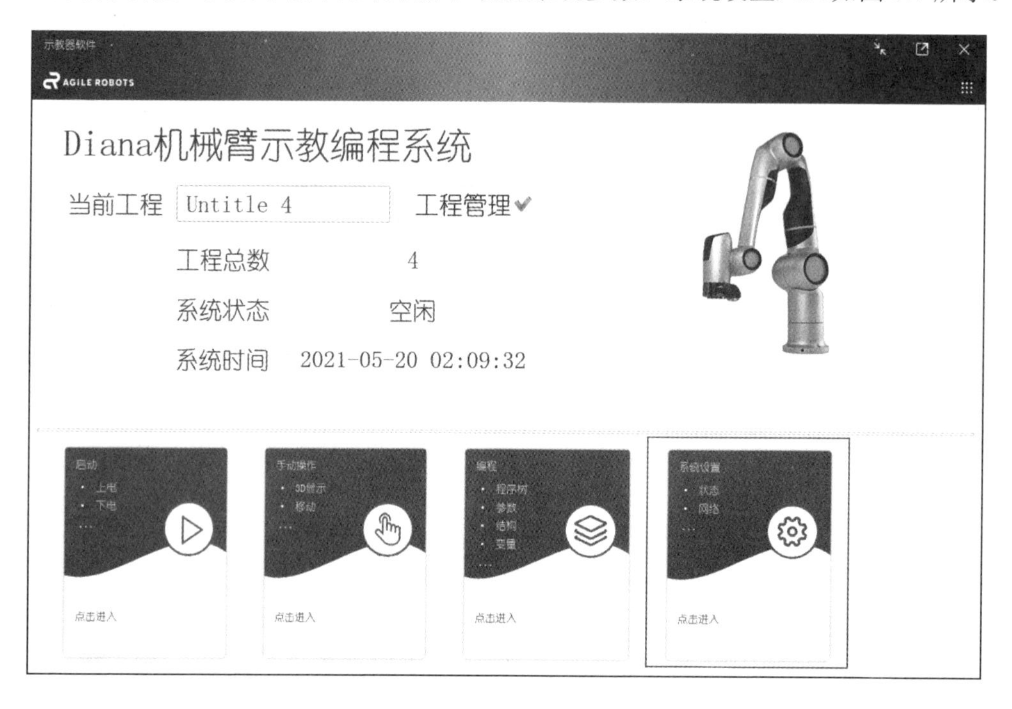

图 3.7 系统设置入口

系统设置包含如下几部分：系统状态设置、网络配置、阻抗参数设置、系统安全设置、工具设置、IO 状态设置、工件设置和系统升级等。

3.2 手动操作

3.2.1 基本概念

1. 状态显示

状态显示分为两部分：Tcp 位姿和关节位置。状态显示区域如图 3.8 所示，当前 Tcp 位姿为基坐标系下 Diana 机械臂末端的位姿。Tcp 位姿含有 6 个参数，分别为 X、Y、Z、Rx、Ry 和 Rz，其中位置下的 X、Y、Z 表示在基坐标系下的坐标，姿态下的 Rx、Ry、Rz 表示相对于基坐标系旋转的角度。

关节位置为各个关节的角度，当 Diana 机械臂处于零位时，关节角度全部为 0°。用户控制机械臂移动时，可以从图 3.8 中黑框标注的两个区域实时获取机械臂的状态参数。

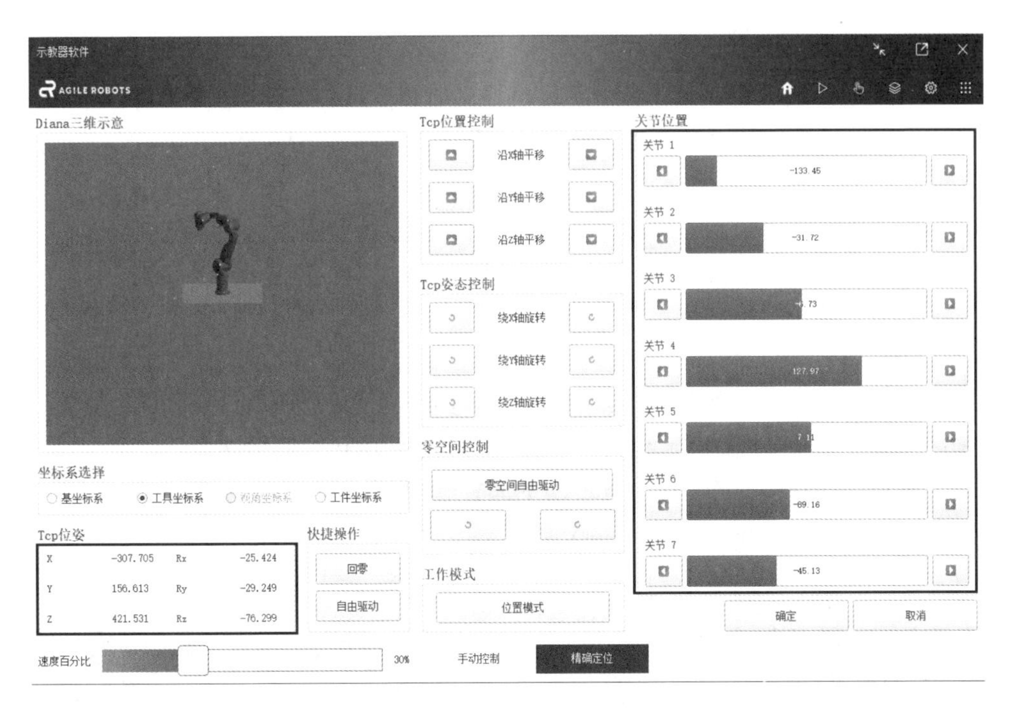

图 3.8　状态显示区域

2. 坐标系的选择

坐标系有 4 个可选项，分别为基坐标系、工具坐标系、视觉坐标系（暂不可用）、工件坐标系。工具坐标系区域如图 3.9 所示。

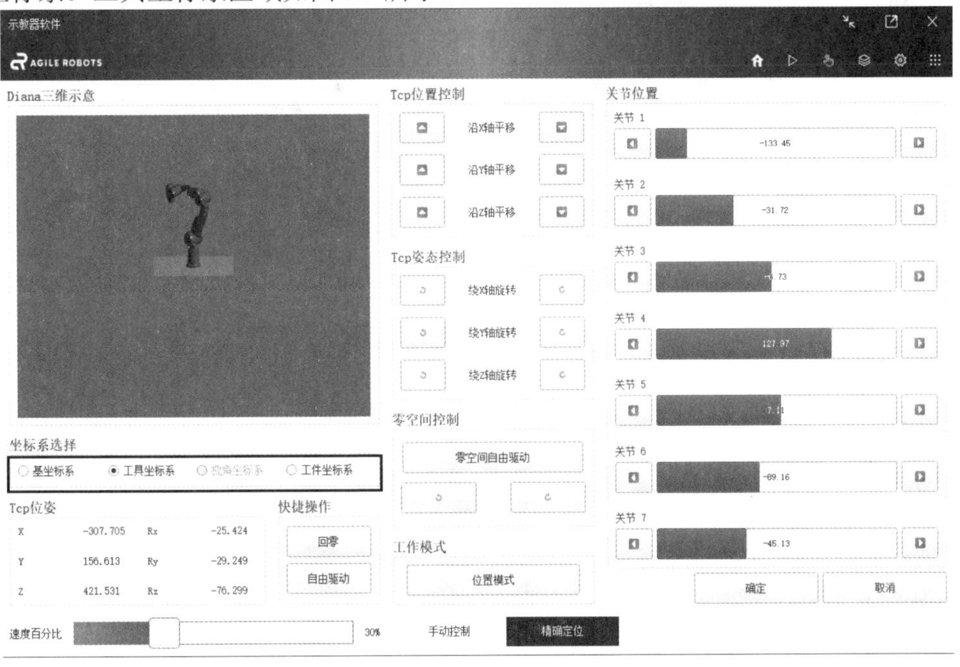

图 3.9　工具坐标系区域

基坐标系是以底座中心为原点，按照右手坐标系建立的三维直角坐标系；工具坐标系是以工具中心点为原点，按照右手坐标系建立的三维直角坐标系；工件坐标系是以工件为原点，按照右手坐标系建立的三维直角坐标系。

3. 零空间的运动

七自由度机械臂存在自由度冗余，因此其运动学逆解有无穷多个，这些解在数学上组成一个连续的解空间，称为零空间（Nullspace）。控制机械臂在零空间中进行的运动，称为零空间运动。

零空间运动时，需要按下如图 3.10 所示区域中【零空间自由驱动】按钮，此时用户可以拖动 Diana 机械臂进行 Tcp 位姿不变而改变各轴角的零空间运动。

除了用户拖动机械臂外，还可以点击【 】和【 】两个按钮，此时不需要用户拖动机械臂，机械臂即可实现零空间手动驱动。

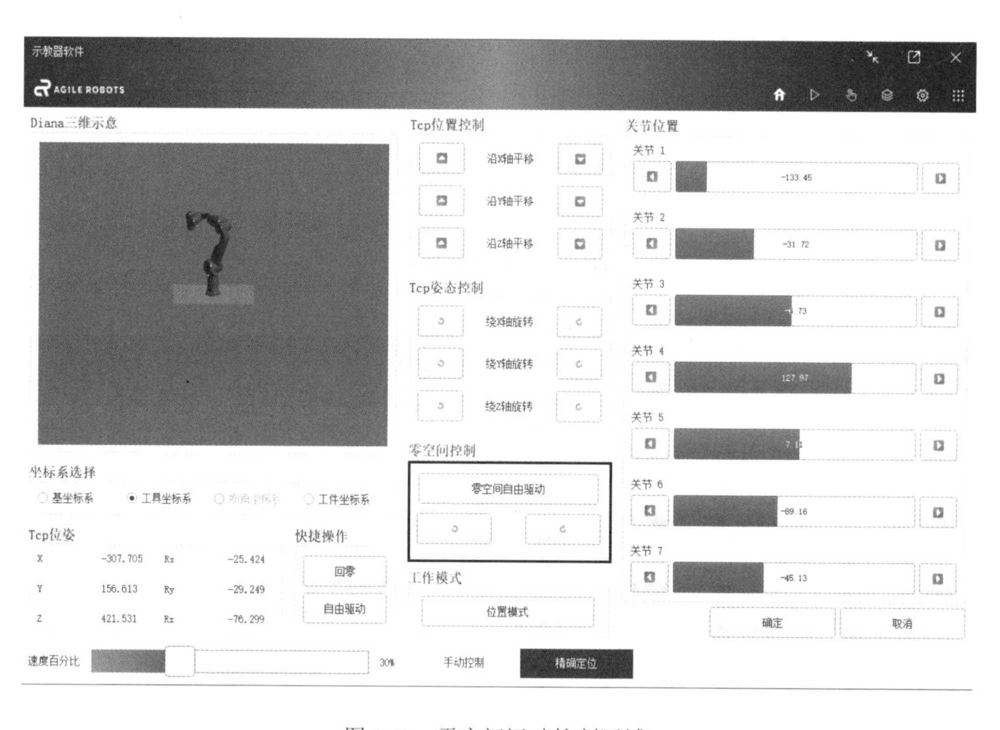

图 3.10　零空间运动控制区域

4. 速度控制

速度控制区域如图 3.11 所示，通过滑动速度百分比处的方块可以控制 Diana 机械臂运动过程中的速度大小。

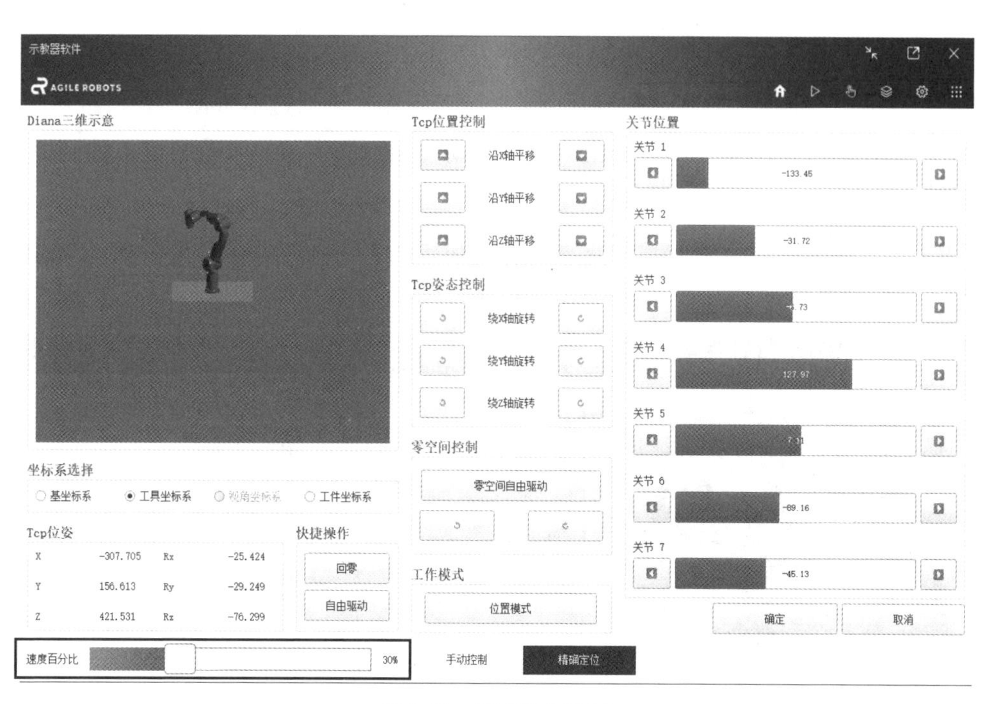

图 3.11　速度控制区域

3.2.2　手动控制

手动控制方式分为两种空间运动：关节空间运动和笛卡尔空间运动。关节空间运动的手动控制区域如图 3.12 所示的“关节位置”区域。

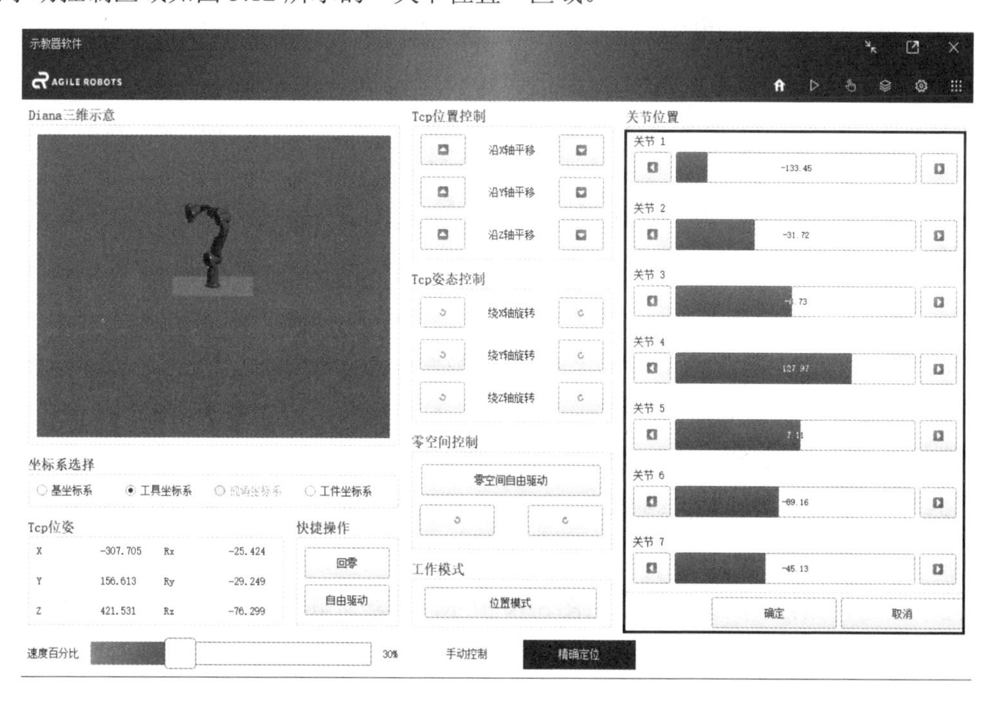

图 3.12　关节空间运动的手动控制区域

机械臂一共有 7 个自由度，从下到上的每个关节分别命名为关节 1～关节 7，分别对应 Diana 7 机械臂的 7 个关节。关节是指机械臂在工作台上通过示教器操作时可移动处。在此区域中，通过点击【◀】和【▶】来手动控制对应关节的关节角度，控制机械臂移动。

笛卡尔空间运动的手动控制区域如图 3.13 所示的“Tcp 位置控制”和“Tcp 姿态控制”区域。

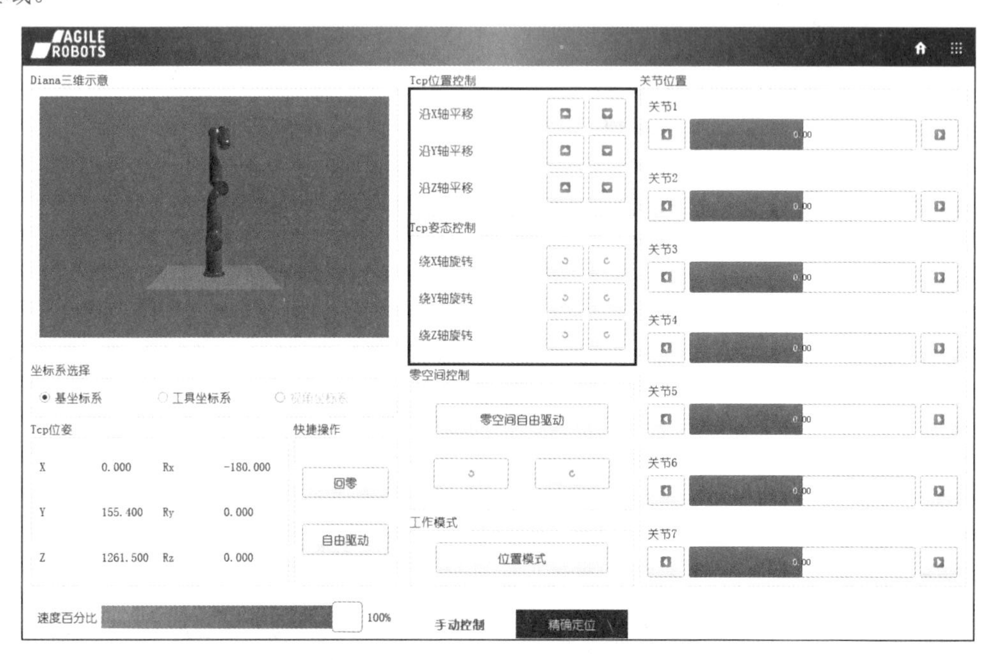

图 3.13　笛卡尔空间运动的手动控制区域

笛卡尔空间运动的控制包括位置控制和姿态控制。位置控制是 Diana 机械臂末端在选定坐标系下，沿 X、Y、Z 三个轴方向上的平移；姿态控制是机械臂末端在选定坐标系下，以 X、Y、Z 为轴的旋转。

3.2.3　精确控制

精确控制需要点击图 3.13 所示界面下方【精确定位】按钮。精确定位控制界面如图 3.14 所示。其中 A 区域为笛卡尔空间运动的精确定位控制，可设置 X、Y、Z、Rx、Ry、Rz 6 个参数，长按【设置】按钮控制机械臂运动到对应位置；B 区域为关节空间的精确定位控制，可分别设置 7 个关节的角度，然后长按【设置】按钮，可将机械臂移动到对应的位置。

用户控制机械臂移动时，可以从图 3.14 所示区域实时获取机械臂的状态参数。

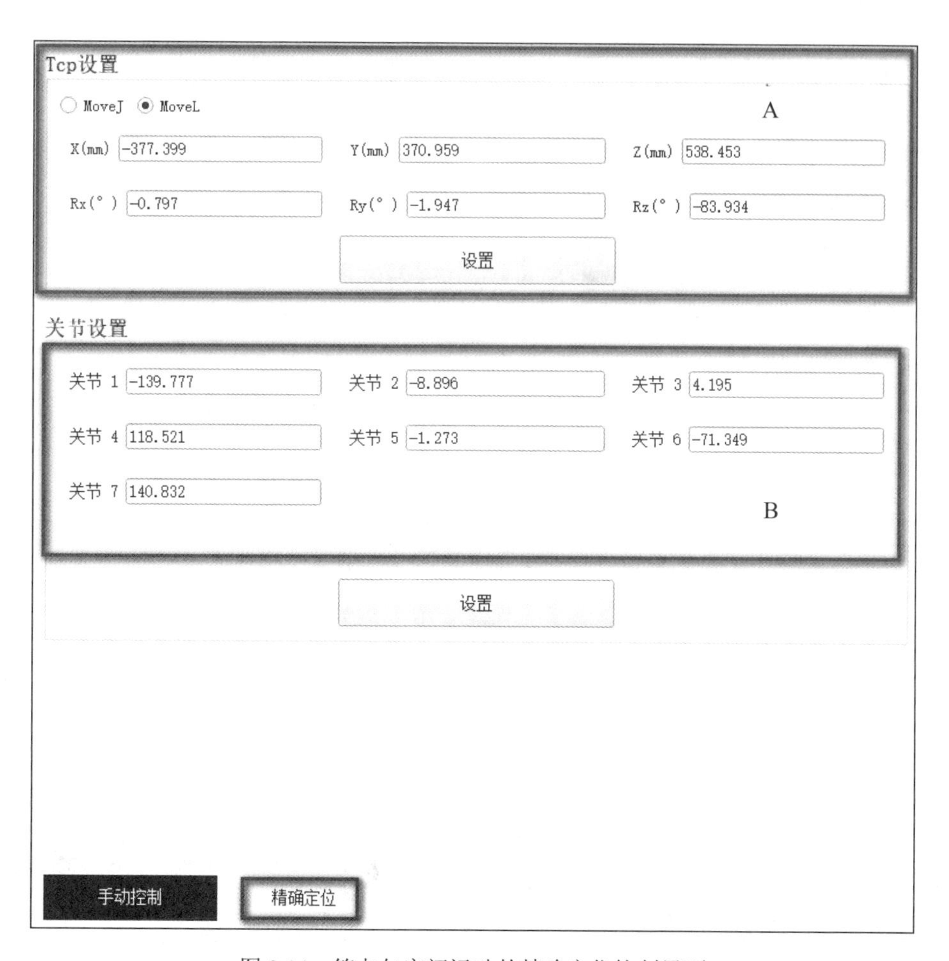

图 3.14　笛卡尔空间运动的精确定位控制界面

3.2.4　自由驱动

【自由驱动】按钮位置如图 3.15 所示。用户长按此按钮可进入自由驱动模式，此时另一用户可以自由拖动 Diana 机械臂，改变 Diana 机械臂的姿态；用户也可在末端节点按住【自由驱动】按钮，以改变 Diana 机械臂的姿态。

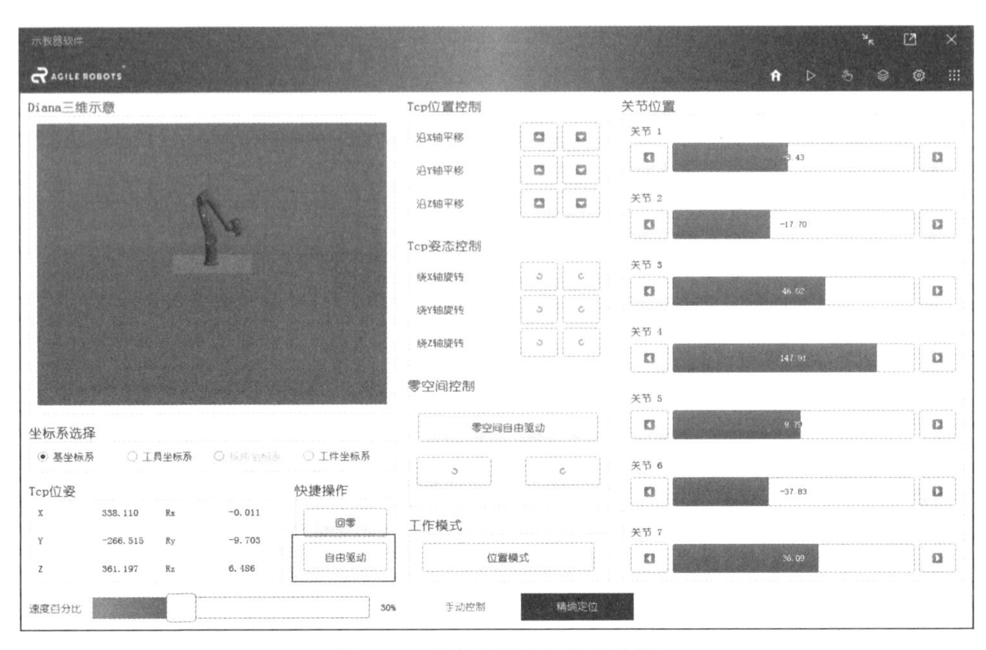

图 3.15　【自由驱动】按钮位置

3.3　I/O 通信

I/O 状态包含机器人模拟、数字信号输入/输出，PLC 数字信号输入/输出。通过上位机的板卡连接外围设备，可输入/输出机器人所需要的模拟和数字信号。I/O 状态设定如图 3.16 所示。

图 3.16　I/O 状态设定

PLC 数字信号输入/输出原理同机器人模拟、数字信号输入/输出相同，不再赘述。

3.4　编程控制

3.4.1　程序结构

通过点击示教器软件的编程按钮进入编程界面。编程界面中，程序树区域用于列举相应的程序及所属指令，指令参数页可进行相应指令的描述编辑及参数修改，指令组件区域可以选择命令（指令）进行添加、编辑等操作。编程界面如图 3.17 所示。

❋ 编程控制

图 3.17　编程界面

1. 添加指令

可以通过“新建”指令新增一个程序，该程序作为程序树的一个树干存在。

在“指令组件”页面，通过选定指令前、指令后和子指令，来决定新插入指令所在的位置和所属级别。“新建”指令位置如图 3.18 所示。

图 3.18　新建指令位置

2. 删除程序或指令

可以通过“删除”指令删除一个程序树主干、程序分支或程序内的指令。“删除”指令位置如图 3.19 所示。

图 3.19　“删除”指令位置

3. 拷贝程序或指令

可以通过“拷贝”指令复制一个程序树主干、程序分支或程序内的指令。

复制后点选相应位置，配合“指令组件”区域的指令前、指令后和子指令来决定粘贴后的位置和所属级别。“拷贝”指令位置如图 3.20 所示。

图 3.20　“拷贝”指令位置

4. 剪切指令

可以通过“剪切”指令剪切一个程序树主干、程序分支或程序内的指令。

剪切后点选相应位置，配合指令组件区域的指令前、指令后和子指令来决定粘贴后的位置和所属级别。

说明：

MoveJ：关节空间移动；

MoveL：关节直线运动；

MoveP：空间点运动。

“剪切”指令位置如图 3.21 所示。

图 3.21　“剪切”指令位置

3.4.2　程序变量表

程序变量表用于列举当前存在的变量，显示相应变量的描述、名称和赋值。变量类型分为全局变量、程序变量和临时变量，具体可参见 9.2.3 节中的相关介绍。

全局变量对机器人所有程序生效，可通过“新增变量”指令来创建和赋值一个全局变量，也可通过“删除变量”指令来删除一个变量。全局变量表如图 3.22 所示。

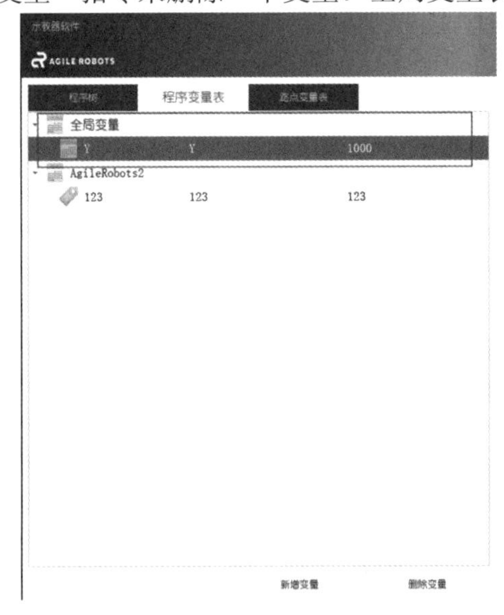

图 3.22　全局变量表

新增变量界面如图 3.23 所示。

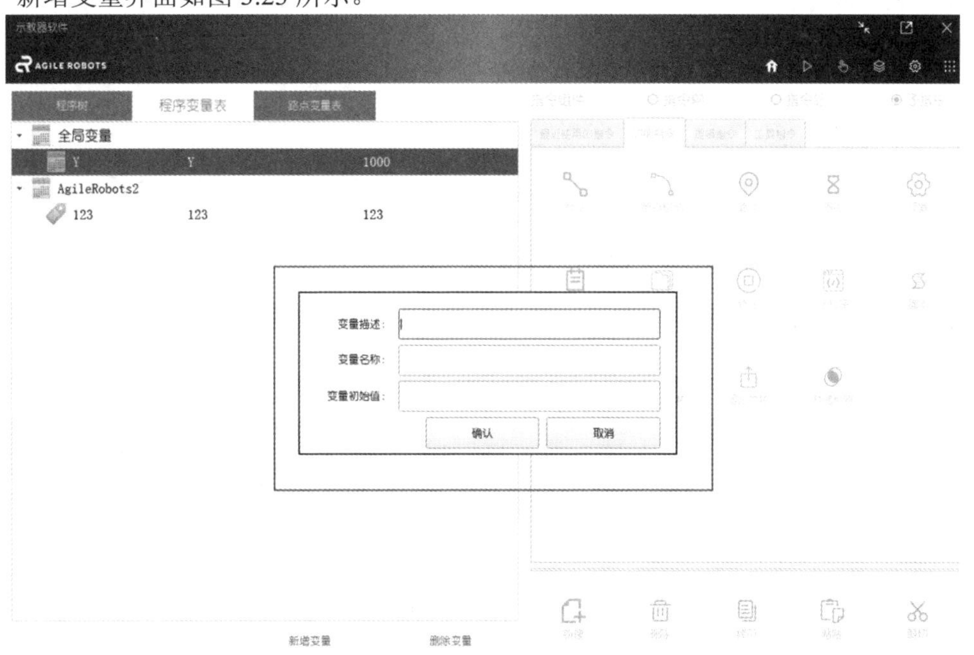

图 3.23　新增变量界面

程序变量仅在当前程序中可用，当变量不存在于全局变量表或该程序上下文的程序变量表时，则创建一个新的临时变量。程序变量表如图 3.24 所示。

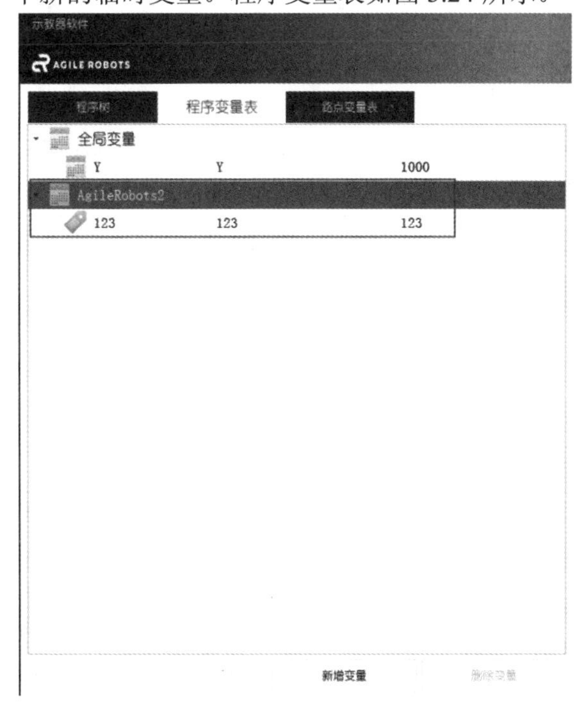

图 3.24　程序变量表

3.4.3 常用指令

常用指令见表 3.1。

表 3.1 常用指令

序号	指令	说明
1		移动：可以通过设置移动方式及其参数，在指令下属的路点实现移动操作。移动指令应在该指令下增加路点子指令
2		圆弧移动：可实现以当前点和下属的两个路点所构成的圆弧路径进行圆弧移动
3		路点：作为运动指令的附属指令存在，可通过示教的方式设定
4		进入力控：用于进入力控模式，可以设置相应的参考坐标系、力方向和力大小等运动参数
5		退出力控：用于退出力控模式，可以设置退出后进入的模式
6		等待：用于在程序执行过程中实现等待功能
7		设置：用于给某个变量赋值。当变量不存在时则创建一个临时变量
8		注释：此命令允许向程序添加移行文本。程序运行期间，此行文本不会执行任何操作
9		文件夹：用于整理程序并给具体的程序部分加注标签，以使程序树清晰明了，程序更易于读取和浏览。文件夹对程序及其执行没有影响
10		终止：用于使程序在该点停止运行，可以通过选择不同终止方式来终止特定的程序
11		子程序：可以根据选择的位置插入一个子程序
12		脚本：用于在指定位置添加一个脚本程序，可以导入已有的脚本或新建一个脚本来实现程序功能
13		工作模式：用于改变当前工作模式，如位置模式、关节空间阻抗模式和笛卡尔空间阻抗模式
14		碰撞检测：实现在执行程序时开启或关闭碰撞检测功能

3.5　系统设置

从首页的功能入口区域点击“系统设置”图标，进入系统设置界面，该部分功能主要用于显示系统状态和设置系统参数。

系统设置包含如下部分：

（1）系统状态显示。

（2）网络配置。

（3）系统安全配置。

3.5.1　系统状态显示

系统状态界面会跟踪 Diana 的 7 个关节的信息反馈，实时地显示各关节的位置、速度、电流和扭矩信息。系统状态界面如图 3.25 所示。

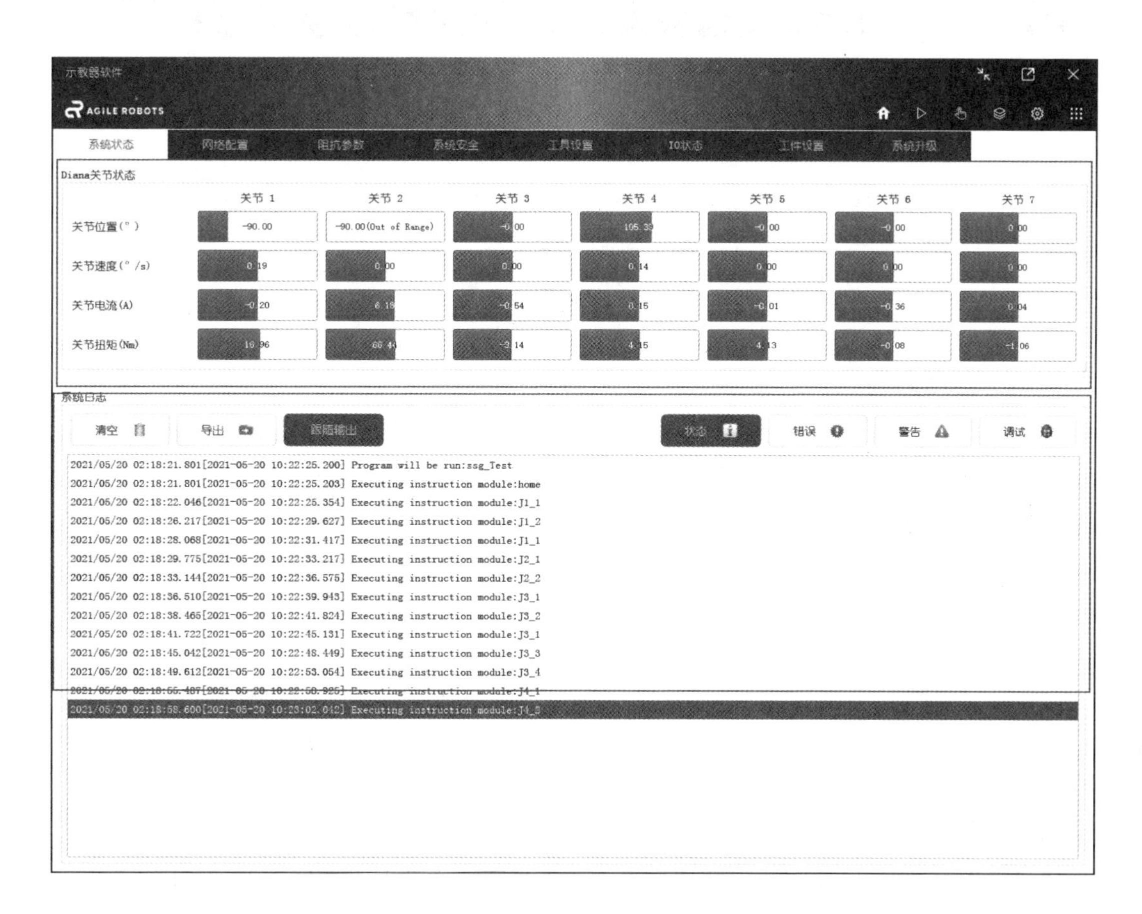

图 3.25　系统状态界面

系统日志被分为 4 个级别，分别是状态、错误、警告和调试。系统日志窗口会根据用户订阅的日志等级，输出对应的日志信息。其中，点击【清空】按钮将清空窗口中日志记录，点击【跟随输出】按钮将一直聚焦在最新输出的日志信息行，点击【导出】按钮可将日志导出并以文件的形式存储在计算机中。

3.5.2 网络配置

网络配置即设置要连接的机器人的 IP 地址。

网络配置（图 3.26）过程：配置示教器连接上位机的 IP 地址和端口信息，点击【应用】保存配置信息。点击【重新加载】，则重新加载上次保存到服务端的配置信息。点击【断开连接】，具有同样的效果。

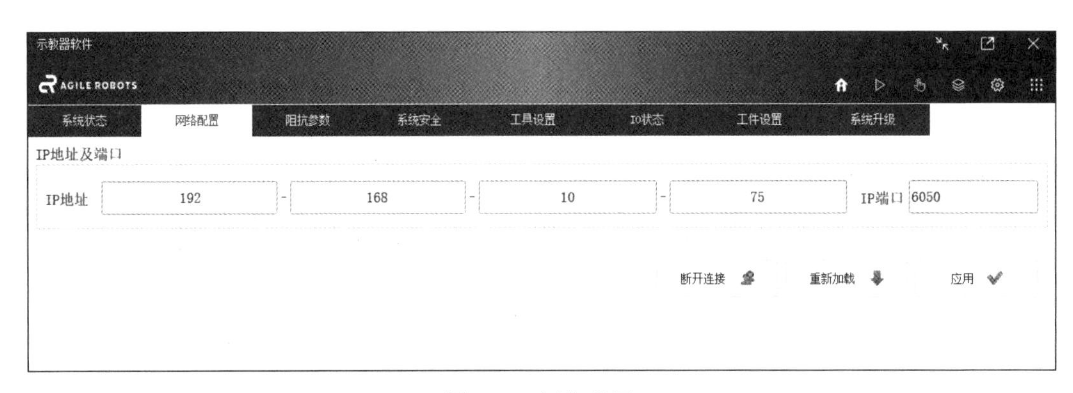

图 3.26 网络配置

3.5.3 系统安全配置

系统安全配置包含碰撞检测、虚拟墙、软限位等功能。用户可以根据机械臂的实际工作环境，对机械臂关节运动范围进行系统配置，使其在规定的范围内运动，对机械臂工作周围的物和人起保护作用。

在系统安全配置界面，可通过左侧树形“选项”列表切换各项安全配置子界面。

1. 碰撞检测

进入“系统安全”页面时默认打开的是“碰撞检测参数设置”界面。也可以通过选择“选项”中“碰撞检测”项，切换到“碰撞检测参数设置”界面。在“碰撞检测参数设置”界面中，通过单选“检测级别”中的“无碰撞检测”“关节空间检测”“笛卡尔空间检测”或“Tcp 合力检测”选项，可切换碰撞检测功能的开关。其中，点击【设置】按钮可将当前设置发送给 Diana 7 机械臂并生效，点击【获取】按钮可获取 Diana 7 机械臂中当前碰撞检测状态。如前所述，如果希望本次配置信息永久可用，请使用主菜单中的“保存”功能。碰撞检测的操作步骤见表 3.2。

表 3.2　碰撞检测的操作步骤

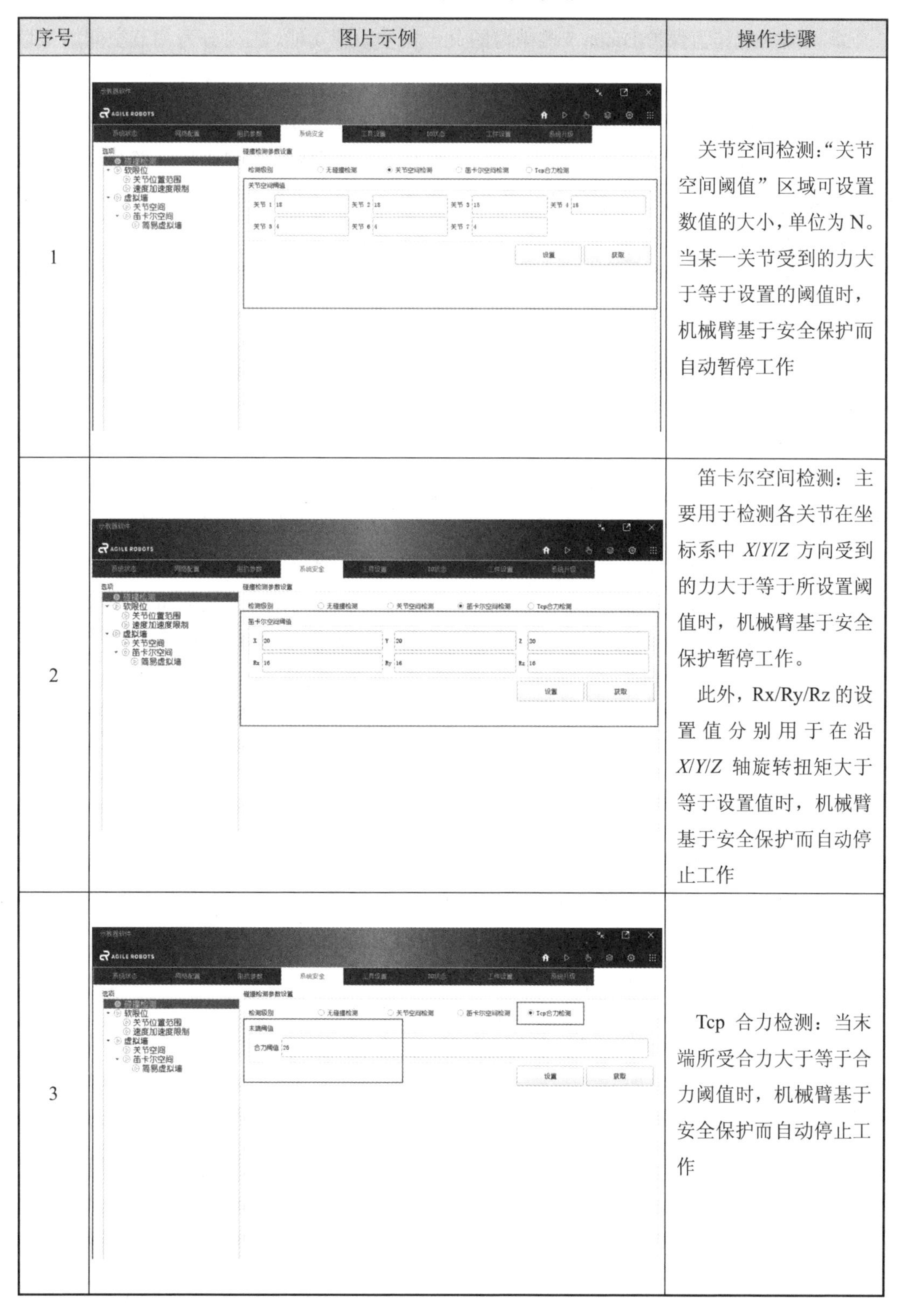

序号	图片示例	操作步骤
1		关节空间检测："关节空间阈值"区域可设置数值的大小，单位为 N。当某一关节受到的力大于等于设置的阈值时，机械臂基于安全保护而自动暂停工作
2		笛卡尔空间检测：主要用于检测各关节在坐标系中 $X/Y/Z$ 方向受到的力大于等于所设置阈值时，机械臂基于安全保护暂停工作。 此外，Rx/Ry/Rz 的设置值分别用于在沿 $X/Y/Z$ 轴旋转扭矩大于等于设置值时，机械臂基于安全保护而自动停止工作
3		Tcp 合力检测：当末端所受合力大于等于合力阈值时，机械臂基于安全保护而自动停止工作

2. 虚拟墙

虚拟墙功能作为保护 Diana 7 机械臂的又一安全设置功能，主要分为关节空间虚拟墙和笛卡尔空间虚拟墙。

在选项中选定“虚拟墙”，可以在对应子界面上选择关闭或打开关节空间虚拟墙和笛卡尔空间虚拟墙功能。2 个选项均为单选。其中，点击【应用】按钮可将当前设置写入 Diana 7 机械臂，点击【获取】按钮可获取当前 Diana 7 机械臂状态。

（1）关节空间虚拟墙。

在关节空间虚拟墙子界面可以分别设置各关节虚拟墙的厚度，也可以勾选“统一设置”后，对 7 个关节一起设置。其中，点击【应用】按钮可将当前设置写入 Diana 7 机械臂，点击【重新加载】按钮可获取当前 Diana 7 机械臂状态。值得注意的是，只有当“虚拟墙”子界面中设置了打开“关节空间虚拟墙”后，本页面的设置才会生效。

（2）笛卡尔空间虚拟墙。

当“虚拟墙”子界面中设置了打开“笛卡尔空间虚拟墙”后，会以当前 Tcp 所在位置为中心点，在世界坐标系下虚拟出一个立方体作为 Diana 7 机械臂 Tcp 的活动区间。笛卡尔空间简易虚拟墙子界面就是用在此状态下，可分别设置该虚拟墙所在立方体的 X、Y、Z 方向长度，以及在该立方体中虚拟墙的厚度。其中，点击【应用】按钮可将当前设置写入 Diana 7 机械臂，点击【重新加载】按钮可获取当前 Diana 7 机械臂状态。

3. 软限位

通过切换选项卡中“软限位”的子项“关节位置范围”和“速度加速度限制”，可以分别对各关节的位置、速度和加速度范围进行设置。

（1）关节位置范围。

在“关节位置范围”子界面可以分别对各关节设置其运动的角度范围极限值，单位为“°”。其中，各角度范围的上下限应在 Diana 7 机械设计允许范围内进行设置。

其中，点击【应用】按钮可将当前设置的值写入 Diana 7 机械臂，如果某关节设置的上限值小于下限值，则本次应用失败；点击【重新加载】按钮可获取 Diana 7 机械臂中上次成功设置关节位置范围后写入的关节位置范围值。软限位设置如图 3.27 所示。

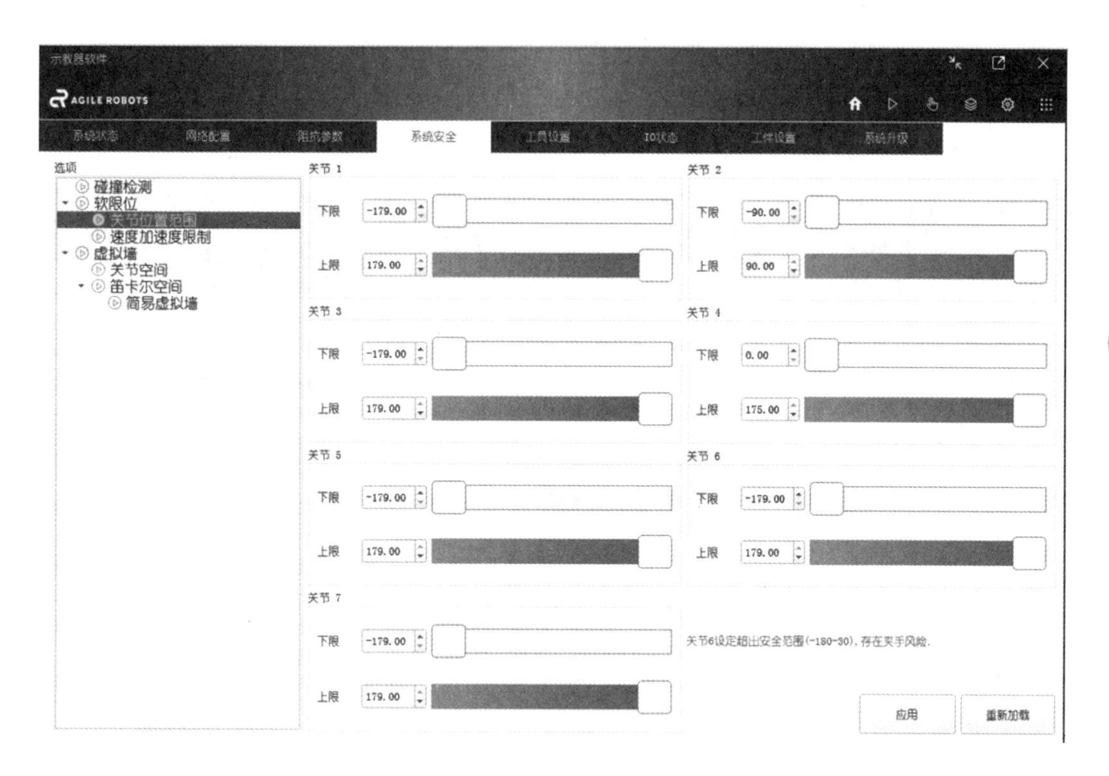

图 3.27　软限位设置

Diana 7 机械臂的各关节机械限位见表 3.3。

表 3.3　Diana 机械臂的各关节机械限位

关节编号	关节最小值/（°）	关节最大值/（°）
1	−179	179
2	−90	90
3	−179	179
4	0	175
5	−179	179
6	−179	179
7	−179	179

（2）速度加速度限制。

“速度加速度限制”子界面包含笛卡尔空间和关节空间的速度加速度设置。

其中，笛卡尔空间设置包含最大平动速度（单位：mm/s）、最大平动加速度（单位：mm/s^2）、最大旋转角速度（单位：（°）/s）和最大旋转角加速度（单位：（°）$/s^2$）设置。

关节空间设置则为各关节的最大角速度（单位：（°）/s）和最大角加速度（单位：（°）/s^2）设置。其中，点击【应用】按钮可将当前设置的值写入 Diana 7 机械臂，点击【重新加载】按钮可获取 Diana 7 机械臂中上次成功设置的速度加速度极限值（图 3.28）。

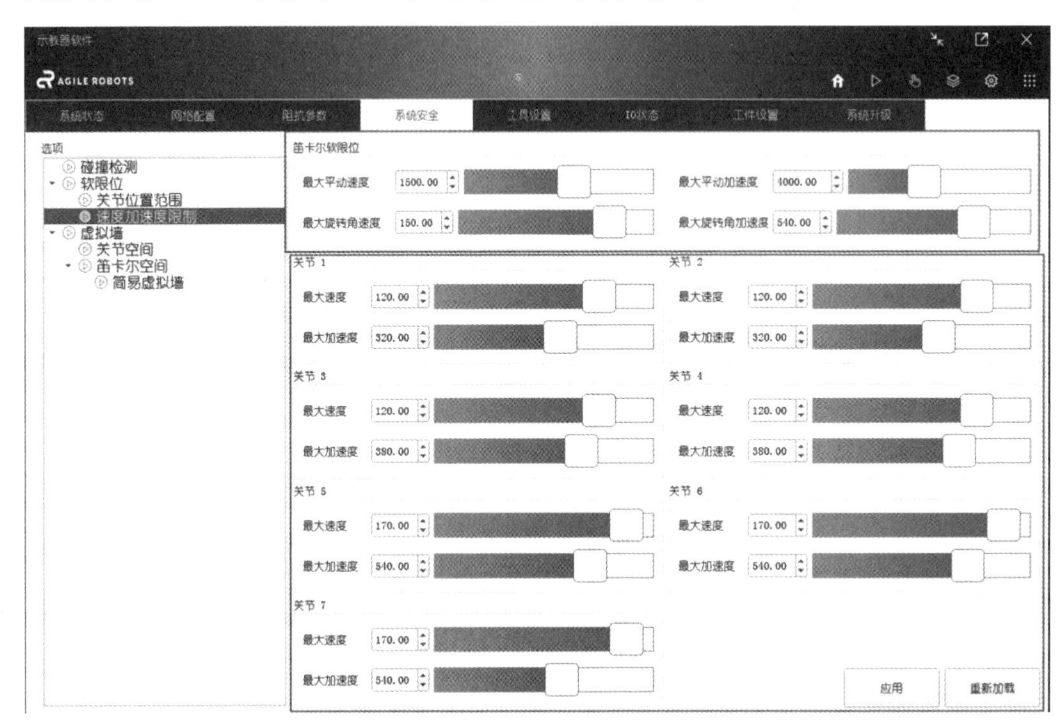

图 3.28　速度加速度限制设置

第二部分　项目应用

第 4 章　直线运动项目应用

※ 直线运动项目

4.1　项目概况

4.1.1　项目背景

随着工业生产的发展，机器人激光焊接成为国际上面向 21 世纪的先进制造技术，生产制造企业对于该领域智能化机器人的要求也越来越高。因此，力控机器人在工艺激光焊接领域中的应用占有一定的比重。图 4.1 所示为力控机器人在焊接领域的应用（模拟工业化直线运动）。

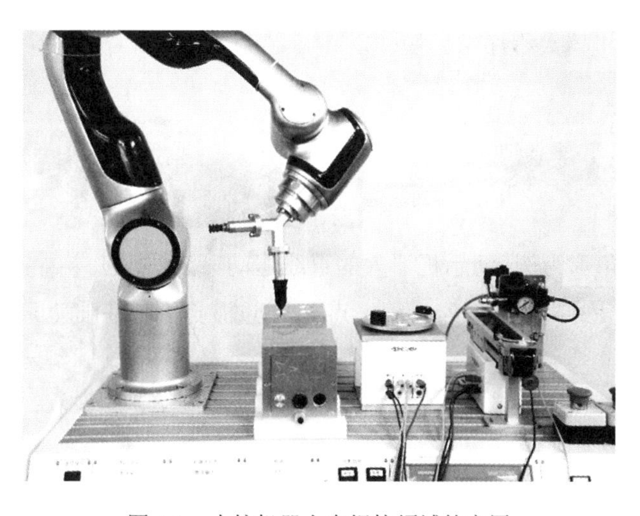

图 4.1　力控机器人在焊接领域的应用

4.1.2 项目需求

本项目为基于手动示教的直线运动项目，通过手动示教并结合基础功能模块，以尖锥夹具代替工业工具，以模块中的三角形为例，模拟工业化应用中的直线轨迹示教过程，项目需求效果如图 4.2 所示。

图 4.2 项目需求效果

4.1.3 项目目的

在本项目的学习训练中需实现以下目的：

（1）学会运用机器人直线运动指令。

（2）熟练掌握机器人手动示教操作。

（3）熟练掌握机器人程序编程操作。

4.2 项目分析

4.2.1 项目构架

以模块中的三角形为例，演示机器人的直线运动。路径规划：初始点 P0→过渡点 P1→第一点 P2→第二点 P3→第三点 P4→第一点 P2→过渡点 P1。基础功能模块如图 4.3 所示。

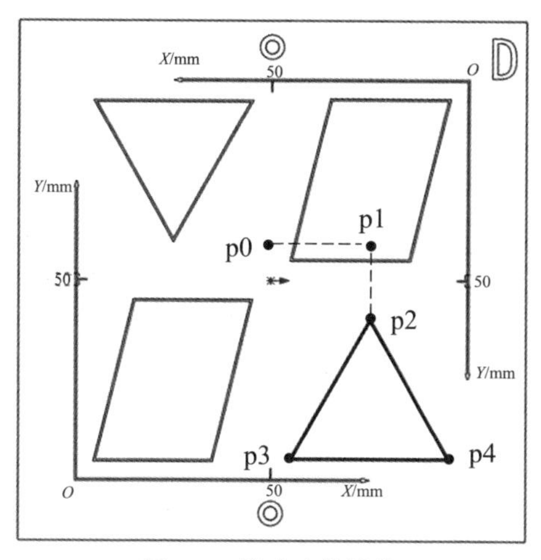

图 4.3　基础功能模块

4.2.2　项目流程

基于机器人手动示教的直线运动项目实施过程需要按照以下流程：

（1）对项目进行分析，可知此项目使用直线运动指令进行三角形轨迹运动。

（2）搭建机器人系统。

（3）完成硬件连接并进行直线项目路径规划，使用尖锥夹具及基础功能模块进行轨迹示教。

（4）创建程序，编写三角形轨迹运动程序，调试检查程序，确认无误后运行程序，观察程序运行结果。

直线运动项目流程如图 4.4 所示。

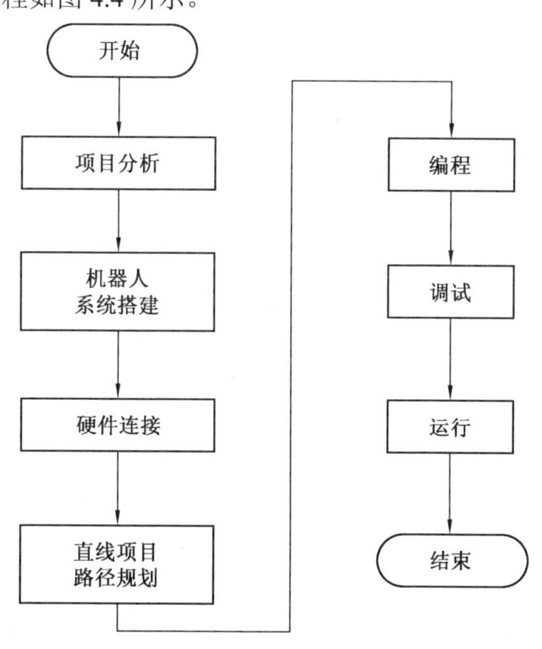

图 4.4　直线运动项目流程

4.3 项目要点

※ 直线运动项目要点

4.3.1 工程管理

用户可点击系统概况区域的【工程管理】按钮打开工程管理界面。在工程管理界面中用户可以新建工程、打开工程、删除工程、重命名工程。工程管理界面，如图 4.5 所示。

图 4.5 工程管理界面

4.3.2 移动指令

1. MoveL 指令

MoveL 指令强制机器人从上一位置到当前运动指令所在位置的运动轨迹是一条直线，由于两点确定一条直线，且这条直线是唯一的，所以机器人的运动路径就是确认的、可控的。

优点：路径可控。

缺点：因为强制限制了机器人的运行轨迹，且轨迹之间的过渡必须为直线，这就致使有些机器人使用 MoveJ 指令可以走到的地方用 MoveL 指令就走不到。其实用 MoveL 指令走不到目标点的情况是在现场调试过程中经常遇到的，当遇到这种情况时如果将 MoveL 指令转换为 MoveJ 指令时路径有风险，那么剩下的解决办法就只有继续使用 MoveL 指令，但是在起始点与目标点之间再用 MoveL 增加几个合适的过渡点。限制了机器人的“能力”也是这条指令的缺点之一，同样位置的运动时间会比 MoveJ 指令长，因为它不让机器人“抄近道”。所以在平时的调试中为了减少过渡点，提高生产节拍，MoveL 指令要尽量少用。

常用场景：MoveL 常用于机器人取放件的目标点。MoveL 指令如图 4.6 所示。

图 4.6　MoveL 指令

末端速度：直线运动过程中的最大线速度，单位为 mm/s。

末端加速度：在加速阶段和减速阶段的最大加速度，单位为 mm/s^2。

交融半径：当前运动阶段与下一运动阶段复合时，可以设置交融半径来平顺衔接下一运动阶段，相邻路点的交融半径（图 4.7）不能重合，单位为 mm。

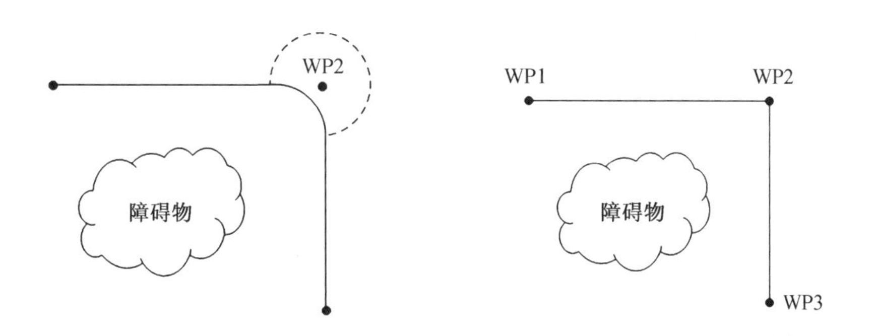

图 4.7　交融半径

2. MoveJ 指令

代表机器人的点到点运动，而且是单纯的点到点运动，即机器人从上一位置通过该 MoveJ 指令运动时，机器人在这两点间的运动轨迹是不确定的。

优点：

①在规划机器人运动指令时优先应采用 MoveJ 指令，原因是 MoveJ 指令由于对机器人的运行轨迹没有要求，机器人可以在“力所能及”（轴配置正确）的范围内自行规划自己的运行轨迹，机器人就可以以自己“最舒适”的方式来运动，从而该指令所使用的运行时间是最少的，因为运行时间少，生产所需时间就可以减少，从而提高生产效率。

②不会出现奇异情况。

缺点：机器人运行路径不确定，在一些对路径有要求的场合该指令不适用。

MoveJ 指令如图 4.8 所示。

图 4.8　MoveJ 指令

4.4　项目步骤

4.4.1　应用系统连接

※ 直线运动项目步骤

HRG-HD1XKE 型工业机器人技能考核实训台包含一系列实训模块用于实操训练，在项目编程前需要安装基础功能模块和所需工具，机器人现场连接电气示意图如图 4.9 所示。

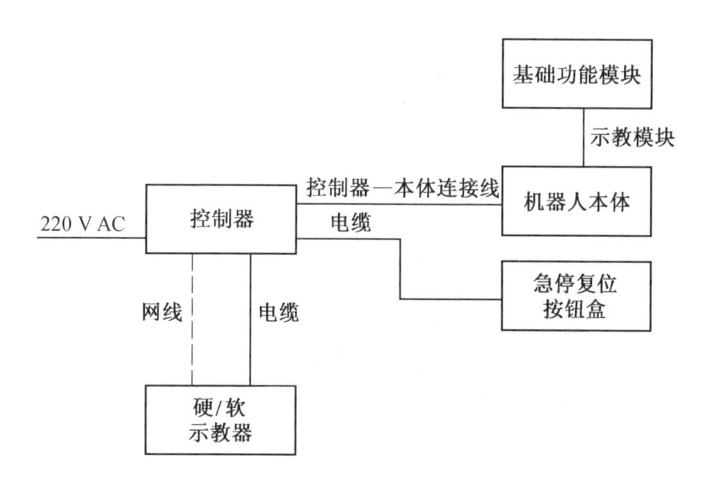

图 4.9　机器人现场连接电气示意图

4.4.2　应用系统配置

在完成应用系统连接后，需新建程序，进行应用系统配置操作步骤见表 4.1。

表 4.1　新建程序的操作步骤

序号	图片示例	操作步骤
1		双击桌面图标“TeachPendantUI”，打开软件主界面
2		打开示教器软件，选择主菜单的“登录”

续表 4.1

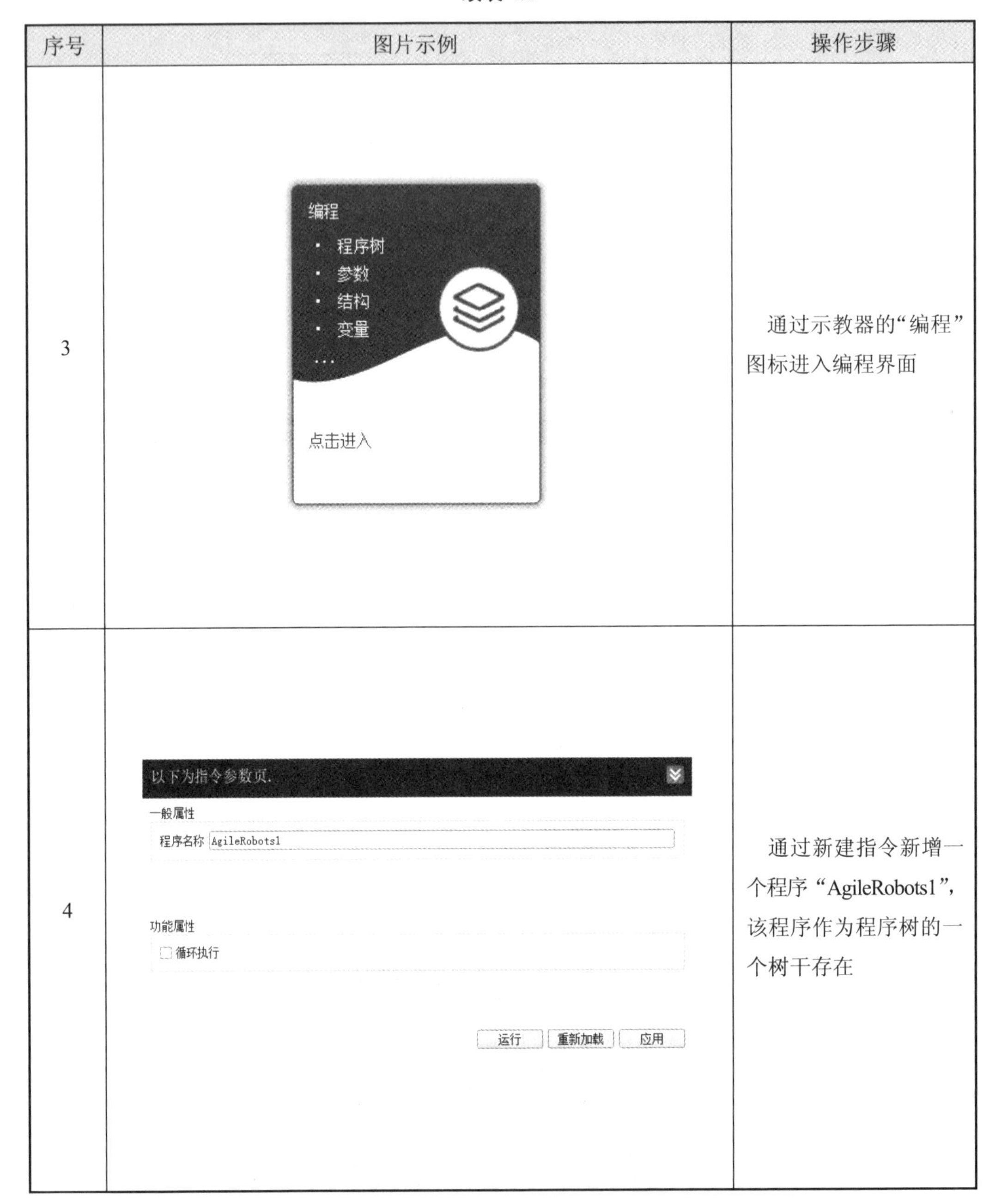

序号	图片示例	操作步骤
3	编程 · 程序树 · 参数 · 结构 · 变量 … 点击进入	通过示教器的“编程”图标进入编程界面
4	以下为指令参数页. 一般属性 程序名称 AgileRobots1 功能属性 循环执行 运行 重新加载 应用	通过新建指令新增一个程序“AgileRobots1”，该程序作为程序树的一个树干存在

4.4.3 主体程序设计

经过以上对项目的分析，基于手动示教的直线运动项目整体主体程序设计的操作步骤见表 4.2。

表 4.2　直线运动主体程序设计的操作步骤

序号	图片示例	操作步骤
1	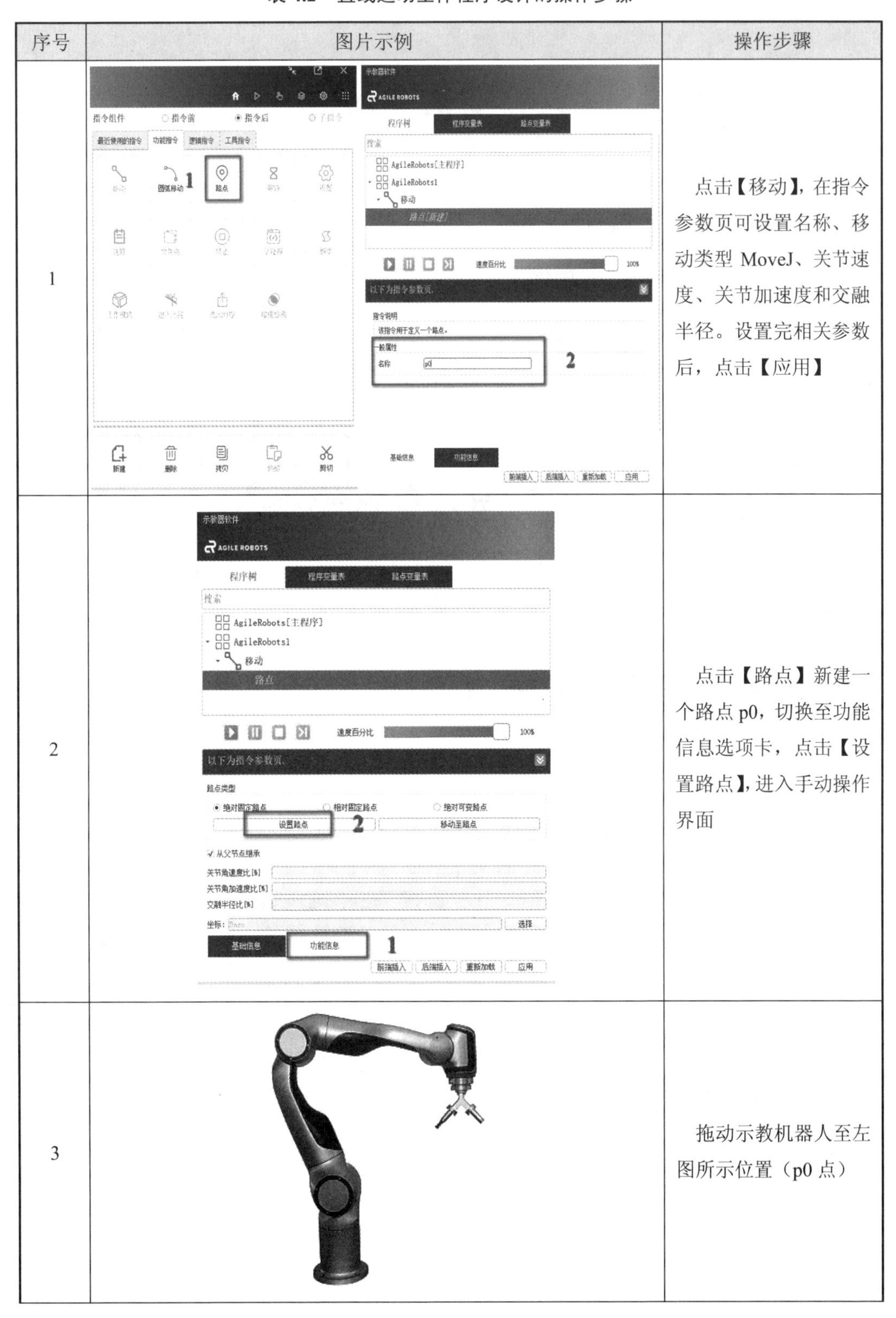	点击【移动】，在指令参数页可设置名称、移动类型 MoveJ、关节速度、关节加速度和交融半径。设置完相关参数后，点击【应用】
2		点击【路点】新建一个路点 p0，切换至功能信息选项卡，点击【设置路点】，进入手动操作界面
3		拖动示教机器人至左图所示位置（p0 点）

续表 4.2

序号	图片示例	操作步骤
4	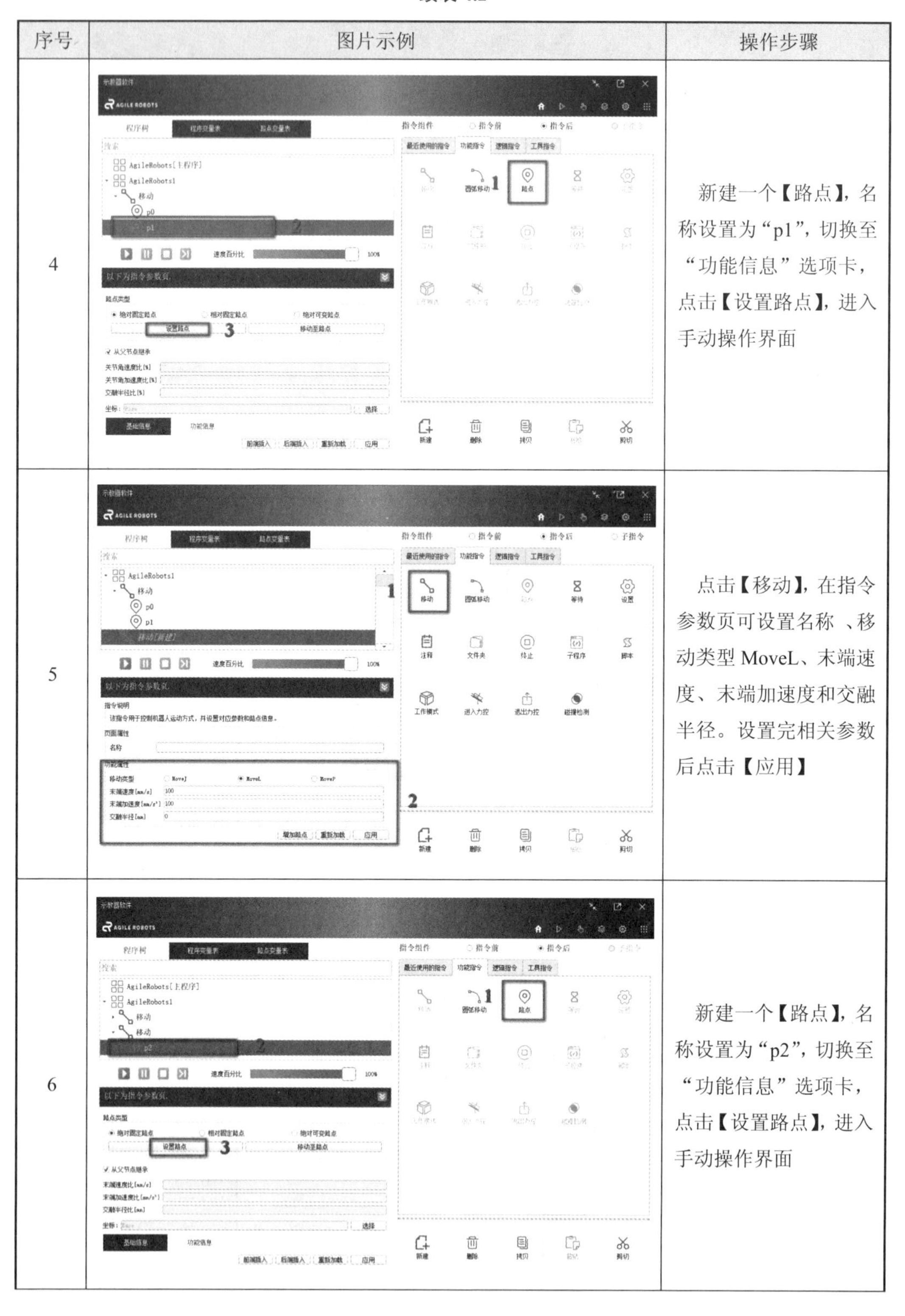	新建一个【路点】，名称设置为“p1”，切换至“功能信息”选项卡，点击【设置路点】，进入手动操作界面
5		点击【移动】，在指令参数页可设置名称 、移动类型 MoveL、末端速度、末端加速度和交融半径。设置完相关参数后点击【应用】
6		新建一个【路点】，名称设置为“p2”，切换至“功能信息”选项卡，点击【设置路点】，进入手动操作界面

续表 4.2

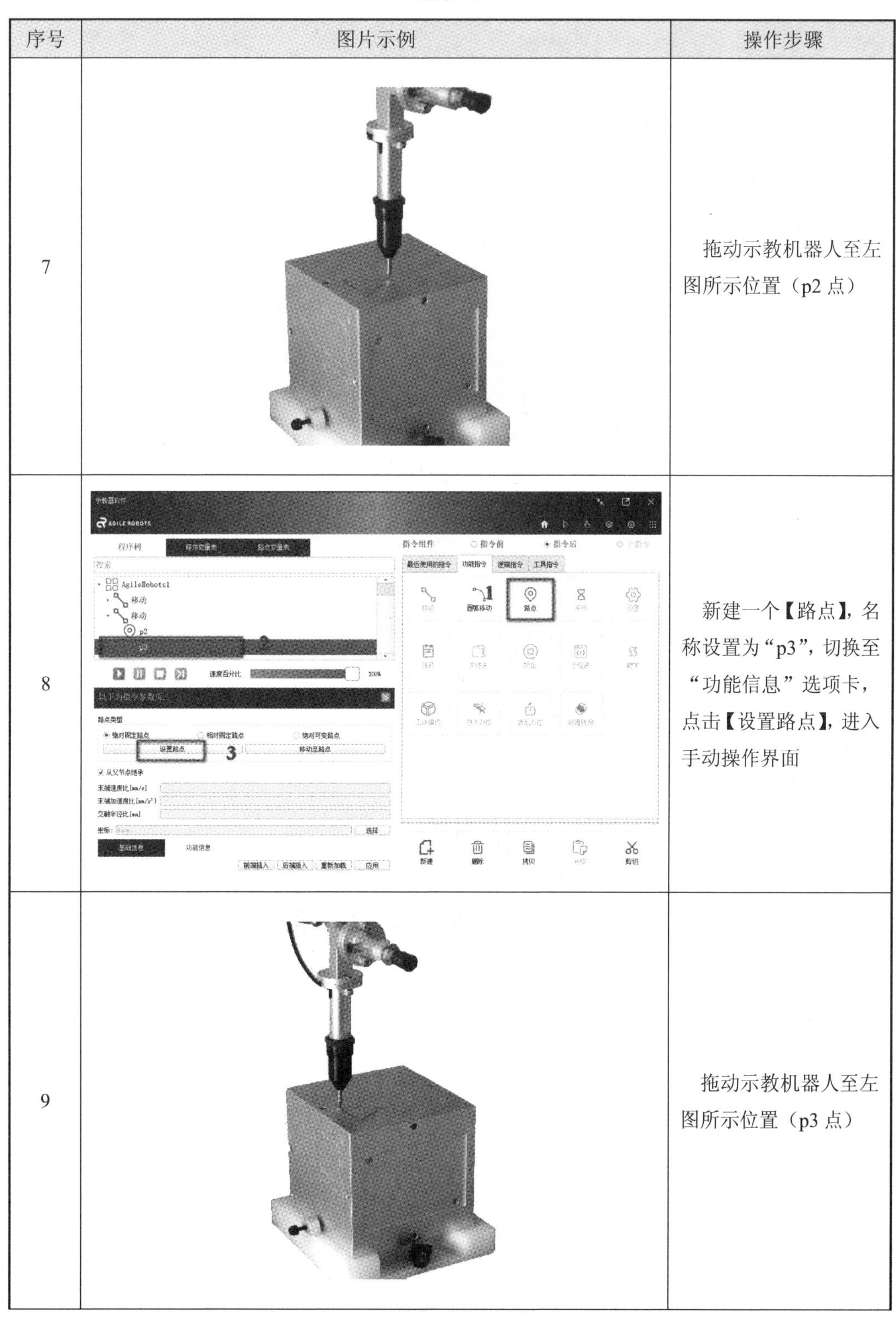

序号	图片示例	操作步骤
7		拖动示教机器人至左图所示位置（p2 点）
8		新建一个【路点】，名称设置为“p3”，切换至“功能信息”选项卡，点击【设置路点】，进入手动操作界面
9		拖动示教机器人至左图所示位置（p3 点）

续表 4.2

序号	图片示例	操作步骤
10		新建一个【路点】，名称设置为“p4”，切换至“功能信息”选项卡，点击【设置路点】，进入手动操作界面
11		拖动示教机器人至左图所示位置（p4 点）
12		拷贝 p2 点，复制选择指令后，粘贴 p4 点

续表 4.2

序号	图片示例	操作步骤
13	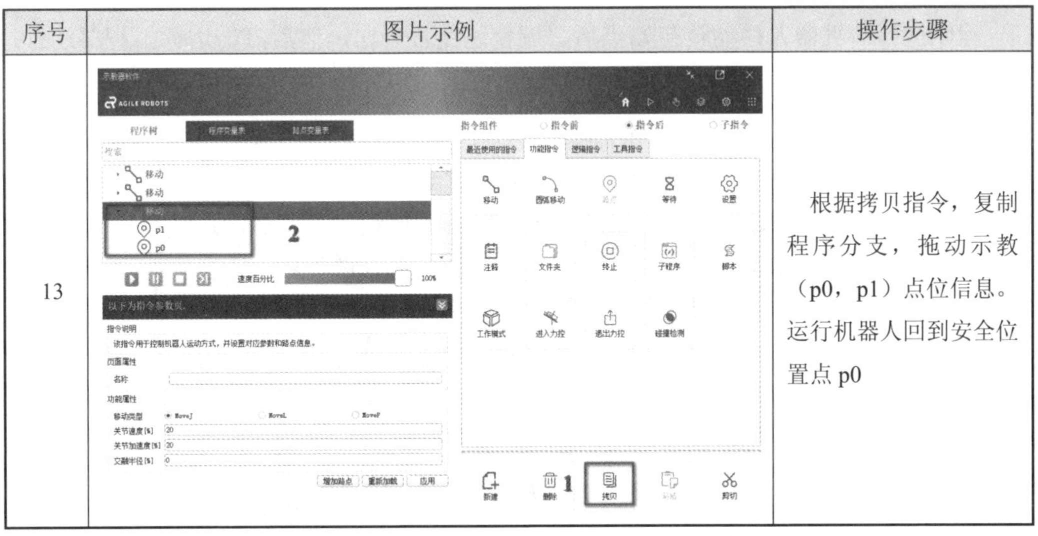	根据拷贝指令，复制程序分支，拖动示教（p0，p1）点位信息。运行机器人回到安全位置点 p0

4.4.4　关联程序设计

本章无关联程序设计。

4.4.5　项目程序调试

选择相应程序，点击【▶】（运行）按钮。如果当前机械臂不在第一个路点的位置，系统弹出移动至初始路点的提示框。程序调试界面如图 4.10 所示。

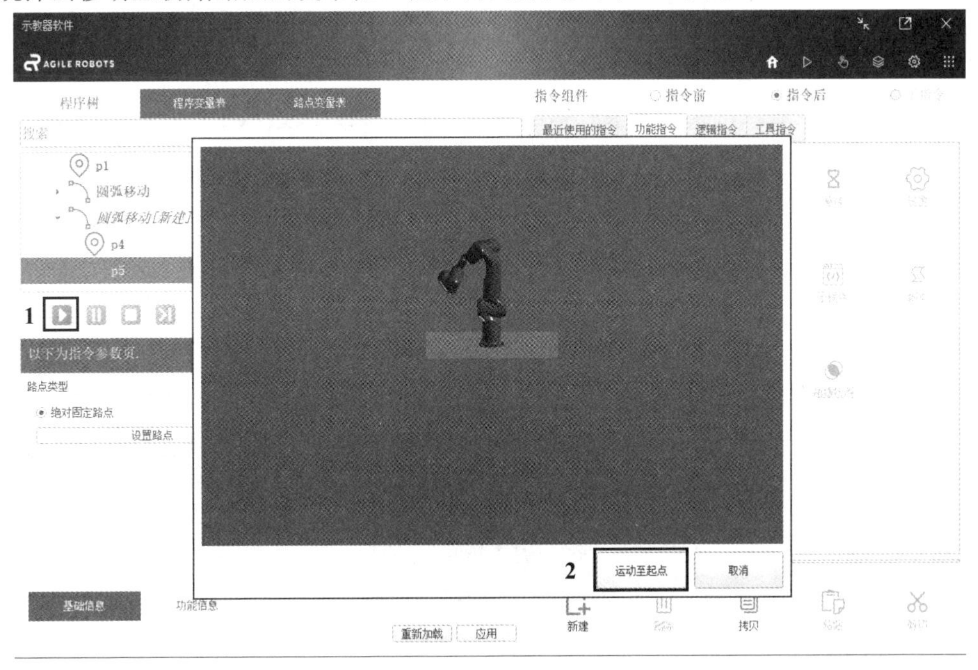

图 4.10　程序调试界面

4.4.6 项目总体运行

程序运行：机器人移动至初始点后，调整速度百分比，然后点击运行。程序运行过程中可以停止或者暂停，暂停之后点击恢复可以继续运行。

当勾选循环执行时，若执行顺序到达该程序的最后一条指令且该指令执行完毕，则重新运行完整的该程序。程序运行界面如图 4.11 所示。

图 4.11　程序运行界面

4.5 项目验证

4.5.1 效果验证

项目运行完成后，得到的效果应如图 4.12 所示，尖锥夹具从起始点轴动运动到过渡点后，直线运动到三角形的第一点，然后按照如图 4.12 所示的路径进行运动，最后回到起始点。

图 4.12　效果验证

4.5.2　数据验证

程序编写完成后，在指令参数页的“功能信息”选项卡下，持续按【移动至路点】，可查看每一点的位姿数据，通过点位信息也可验证程序的可行性，如图 4.13 所示。

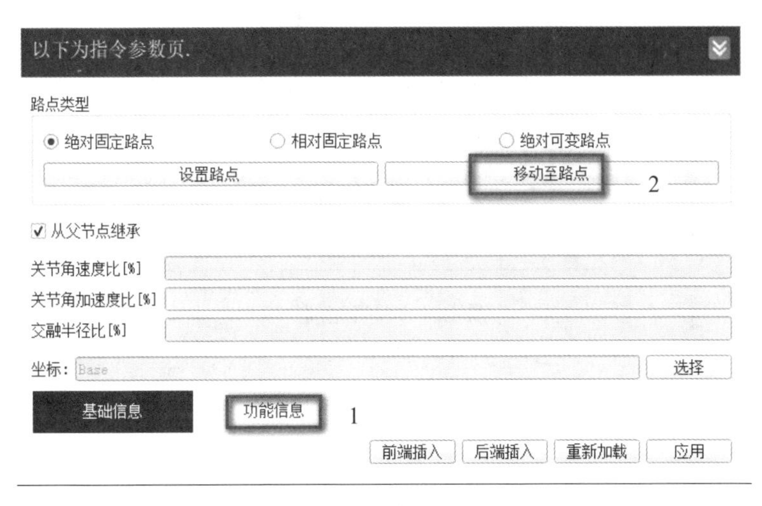

图 4.13　数据验证

4.6　项目总结

4.6.1　项目评价

本项目基于基础功能模块，主要介绍了机器人的直线运动指令应用和轨迹运动，通过本项目的训练，可实现以下目的：

（1）巩固移动指令和复制指令的使用方法。

（2）学会使用机器人轨迹运动指令。

（3）掌握机器人示教器的点动操作。

4.6.2　项目拓展

通过本项目的学习，可以对项目进行以下拓展。

（1）拓展项目一：利用尖锥夹具完成基础模块上平行四边形的轨迹示教，如图 4.14 所示。

（2）拓展项目二：设置“提前到位”，选择交融半径为 0.04 m，利用尖锥夹具完成基础模块上四边形的轨迹示教，并将实训效果与拓展项目一进行比较。

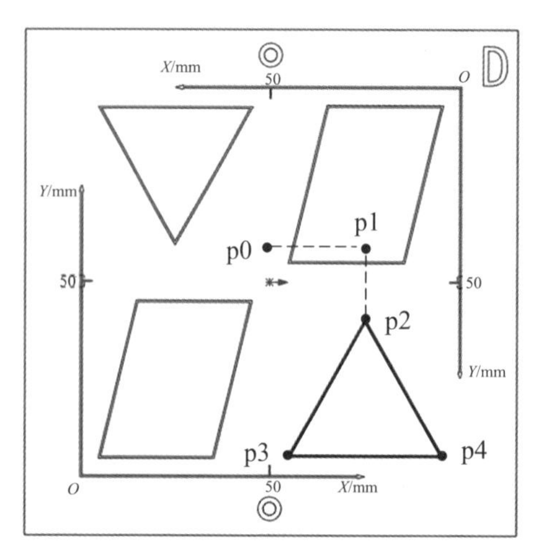

图 4.14　项目拓展一

第5章　曲线运动项目应用

5.1　项目概况

※ 曲线运动项目目的

5.1.1　项目背景

在机器人实际应用中会常常见到不规则工件，比如曲线类、圆弧类工件。凹凸模型的加工和生产，需要用到编程指令（如圆弧指令），达到规定的加工精度，提升加工品质，曲线运动轨迹如图5.1所示。

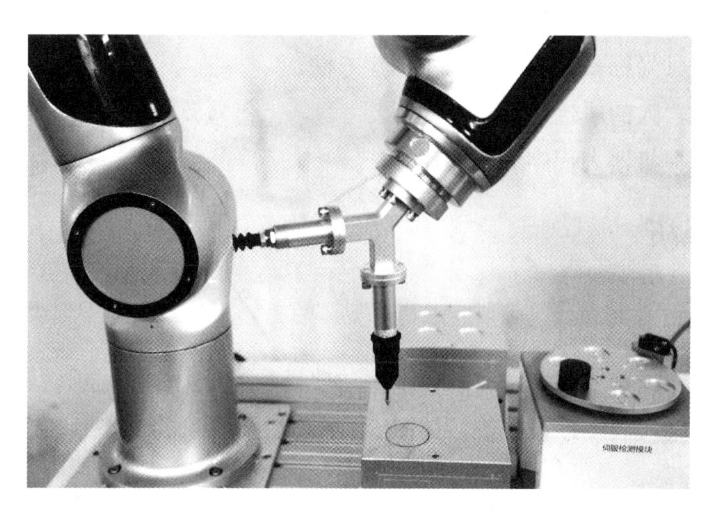

图5.1　曲线运动轨迹

5.1.2　项目需求

本项目为手动示教的曲线运动项目，基于基础功能模块，用尖锥夹具代替工业工具，以模块中的圆弧为例进行轨迹示教，项目需求实物图如图5.2所示。

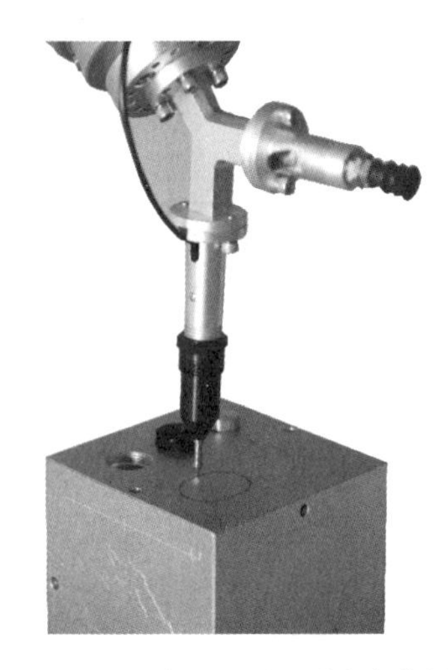

图 5.2　曲线运动项目需求实物图

5.1.3　项目目的

在本项目的学习训练中需实现以下目的：

（1）掌握工具坐标系、用户坐标系标定方法。

（2）掌握机器人的轨迹运动指令应用。

（3）熟练掌握机器人程序编程操作。

5.2　项目分析

5.2.1　项目构架

本项目为基于机器人手动示教的曲线运动项目，需要操作者用示教器进行手动示教。本项目的整体构架（曲线路径轨迹）如图 5.3 所示，按要求的动作顺序进行轨迹运动。

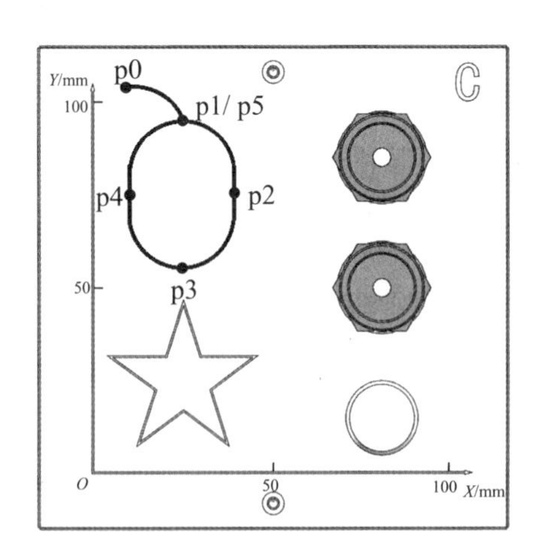

图 5.3　曲线路径轨迹

5.2.2　项目流程

项目实施过程需要按照以下流程：

（1）对项目进行分析，可知此项目进行曲线轨迹运动。

（2）搭建机器人系统。

（3）完成硬件连接并进行曲线项目路径规划，使用尖锥夹具及基础功能模块进行轨迹示教。

（4）创建程序，编写圆弧轨迹运动程序，调试检查程序，确认无误后运行程序，观察程序运行结果。

曲线运动项目流程如图 5.4 所示。

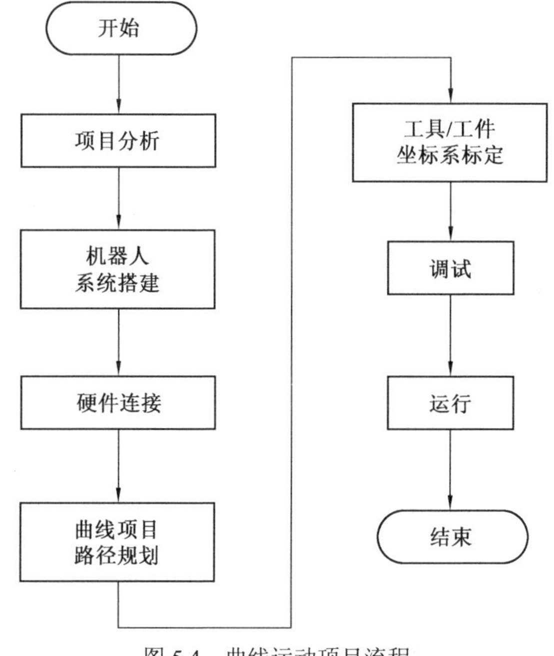

图 5.4　曲线运动项目流程

5.3　项目要点

5.3.1　工具坐标系定义

工具设置界面主要用于添加或修改工具坐标系定义和定义工具负载。如前所述，如果希望本次配置信息永久可用，请使用主菜单中的“保存”功能。

※ 曲线运动项目要点

点击【新建】按钮并输入工具坐标系名称，可以添加新的工具坐标系定义，或者点击【选择】按钮修改已经创建过的工具坐标系的设置。

点击【位置定义】按钮会打开如图 5.5 所示的位置定义子界面，需要工具末端在空间某一固定位置分别移动到 4 个不同的位姿，并记录下来，用来确定要定义的工具坐标系的原点相对法兰盘中心点的位移。

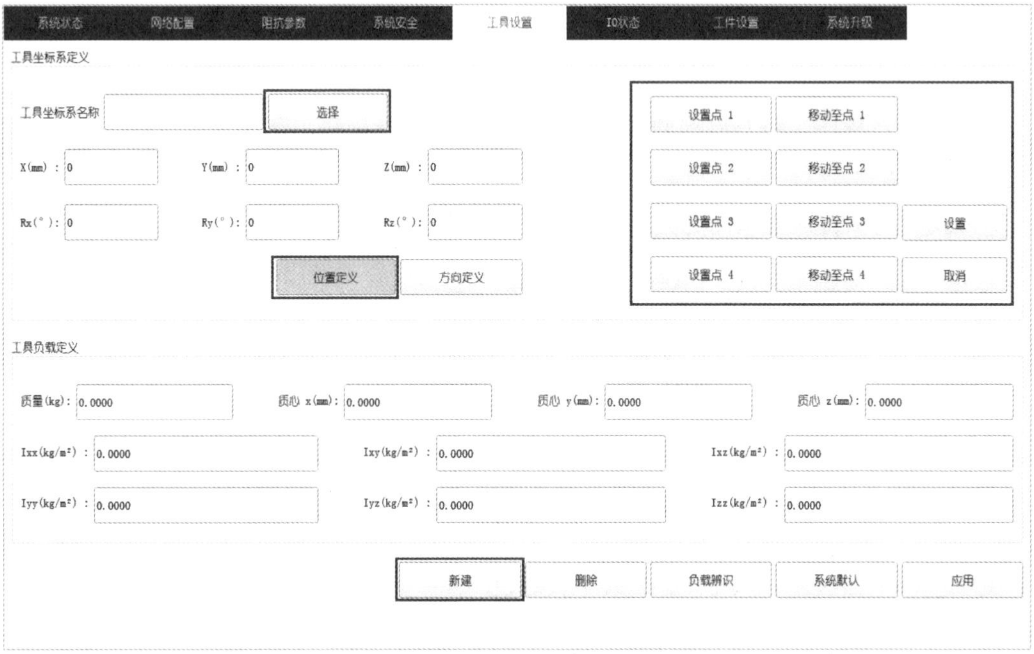

图 5.5　位置定义子界面

其中【设置点 *X*】4 个按钮用来记录 4 个位姿。【移动至点 *X*】4 个按钮可以长按使 Tcp 回到对应点位置。【设置】按钮会基于当前设置的 4 个点计算 *X*/*Y*/*Z* 位移，更新显示在左边对应区域。

定义完位置，再点击【方向定义】按钮，会打开如图 5.6 所示子界面。这里需要设置 3 个点。其中【设置原点】按钮用于定义工具坐标系的原点（一般使用位置定义中的 Tcp 固定点为原点）。

【设置点 2】按钮用于定义 *X* 轴，该点与原点一起确定 *X* 轴正方向。【设置点 3】按钮用于定义 *XOY* 平面，并以该点相对于 *X* 轴的方向作为 *Y* 轴正方向。

通过这 3 个点的定义就可以确定工具坐标系的转换方位角 Rx/Ry/Rz。【设置】按钮会基于当前设置的 3 个点计算 Rx/Ry/Rz 的值，并更新显示在左边对应区域。

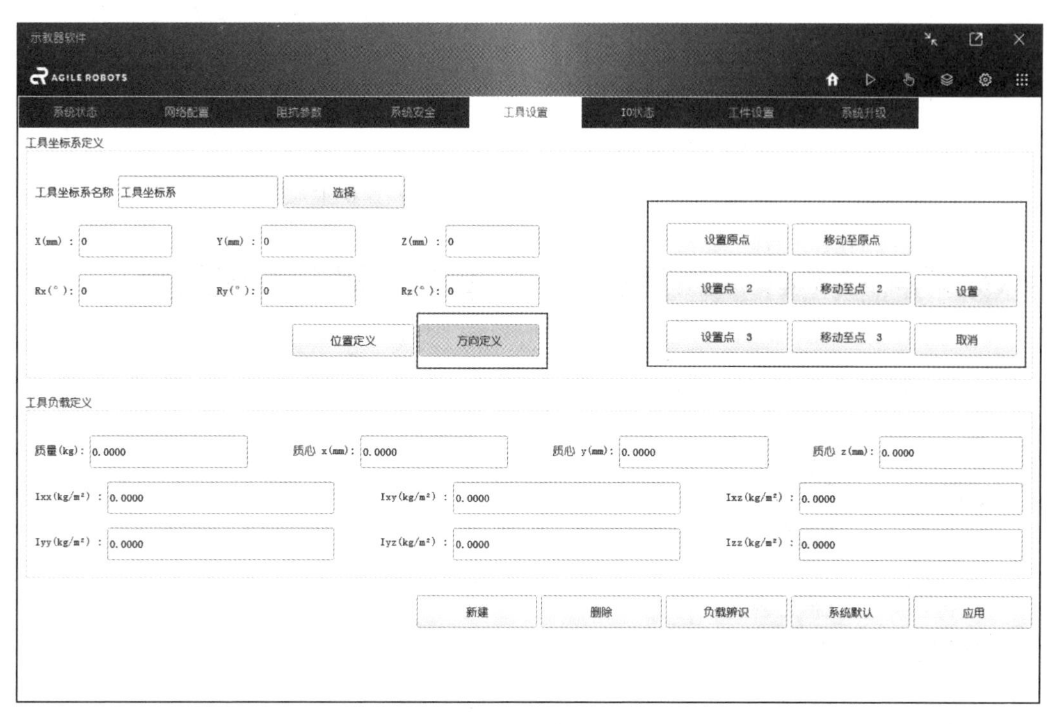

图 5.6　方向定义

“工具负载定义”位于工具设置界面下半部分，用于设置工具的质量、质心（位置）和 6 个转动惯量（Ixx、Ixy、Ixz、Iyy、Iyz、Izz）。工具负载定义，如图 5.7 所示。

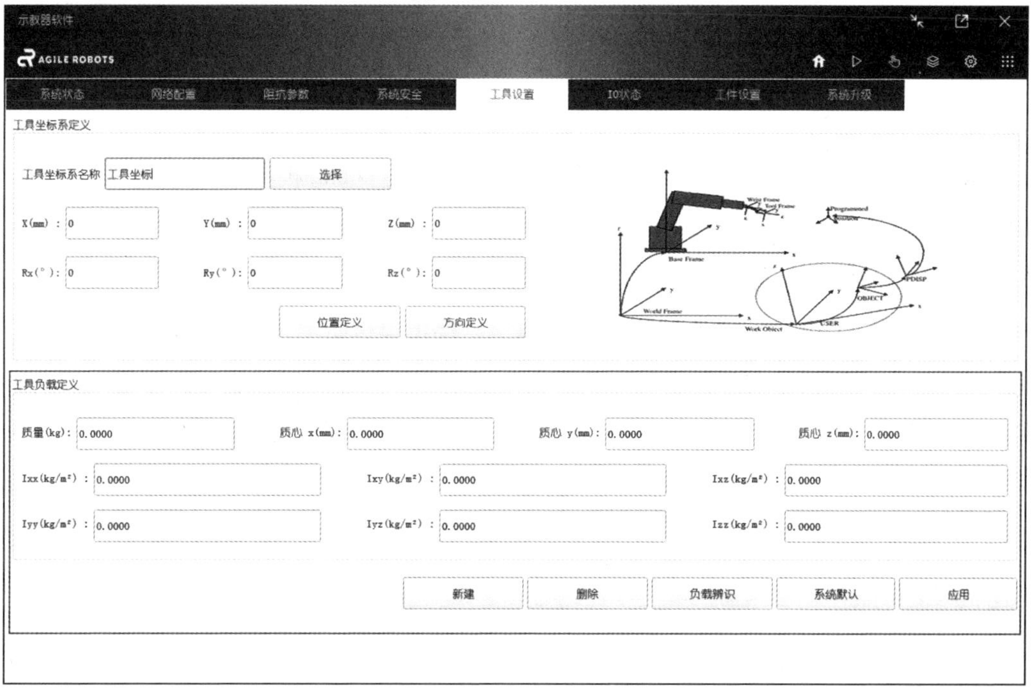

示教器软件
AGILE ROBOTS
系统状态　网络配置　阻抗参数　系统安全　工具设置　IO状态　工件设置　系统升级
工具坐标系定义
工具坐标系名称　工具坐标　选择
X(mm): 0　Y(mm): 0　Z(mm): 0
Rx(°): 0　Ry(°): 0　Rz(°): 0
位置定义　方向定义
Base Frame
World Frame
Work Object
USER
OBJECT
工具负载定义
质量(kg): 0.0000　质心 x(mm): 0.0000　质心 y(mm): 0.0000　质心 z(mm): 0.0000
Ixx(kg/m²): 0.0000　Ixy(kg/m²): 0.0000　Ixz(kg/m²): 0.0000
Iyy(kg/m²): 0.0000　Iyz(kg/m²): 0.0000　Izz(kg/m²): 0.0000
新建　删除　负载辨识　系统默认　应用

图 5.7　工具负载定义

负载辨识：点击图 5.7 中【负载辨识】按钮可进入负载辨识子界面，如图 5.8 所示。

（1）可以根据系统默认给的路点录入负载的质量，点击运行自动计算出 6 个旋转惯量的参数，保存即可（建议使用默认的参数）。

（2）也可以自己设计路点进行计算，自动进行计算出 6 个旋转惯量参数保存即可。

图 5.8　负载辨识子界面

以上关于工具的配置参数通过【应用】按钮设置到 Diana 机械臂。【恢复默认】按钮用于获取上次设置成功的工具参数。

5.3.2　工件坐标系定义

用户一般使用的工件坐标系是基坐标系，系统也提供定义工件坐标系的功能，如图 5.9 所示，用户可根据实际使用的需要采用一点法、三点法、三点法 Ext 构建 X/Y/Z，Rx/Ry/Rz 参数值；构建完成后点击主菜单上的【保存】按钮即可。

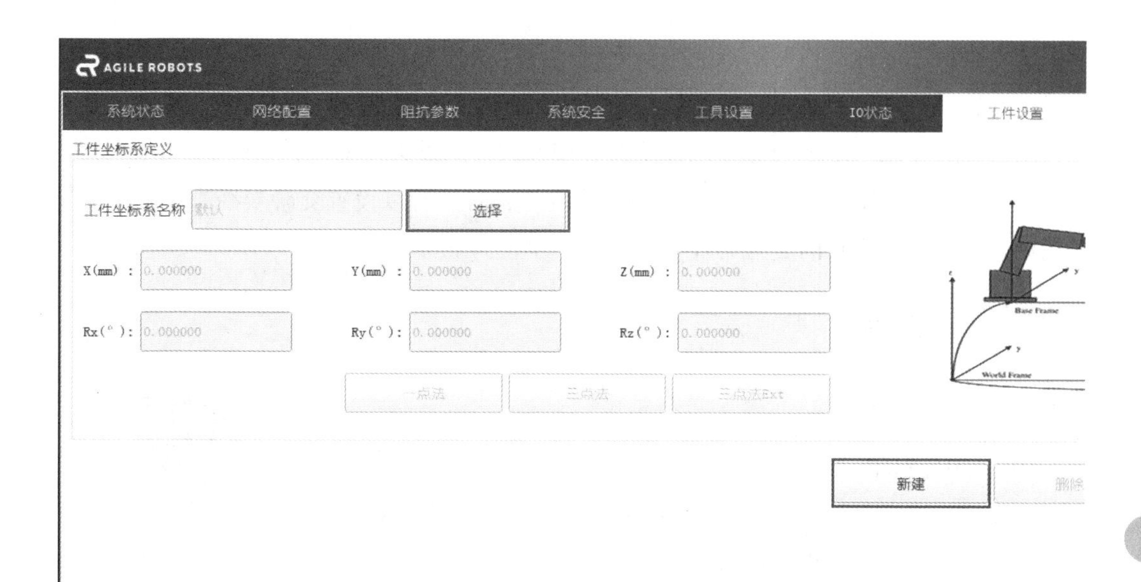

图 5.9　工件坐标系定义

5.3.3　圆弧移动指令

圆弧移动指令可实现以当前点和下属的两个路点所构成的圆弧路径进行圆弧移动，需设定参考坐标系等相关运动参数。圆弧移动指令如图 5.10 所示。

图 5.10　圆弧移动指令

参考坐标系名称：当前路点的坐标系描述，默认为 Base 坐标系，即基坐标系。

末端速度：末端中心点在圆弧路径上的最大速度，单位为 mm/s。

末端加速度：末端中心点在加速阶段和减速阶段的最大加速度，单位为 mm/s^2。

交融半径：当前运动阶段与下一运动阶段复合时，可以设置交融半径来平顺衔接下一运动阶段，相邻路点的交融半径不能重合，单位为 mm。

5.4 项目步骤

5.4.1 应用系统连接

※ 曲线运动项目步骤

HRG-HD1XKE 型工业机器人技能考核实训台包含一系列实训模块用于实操训练，在项目编程前需要安装基础功能模块和所需工具，机器人现场连接电气示意图如图 5.11 所示。

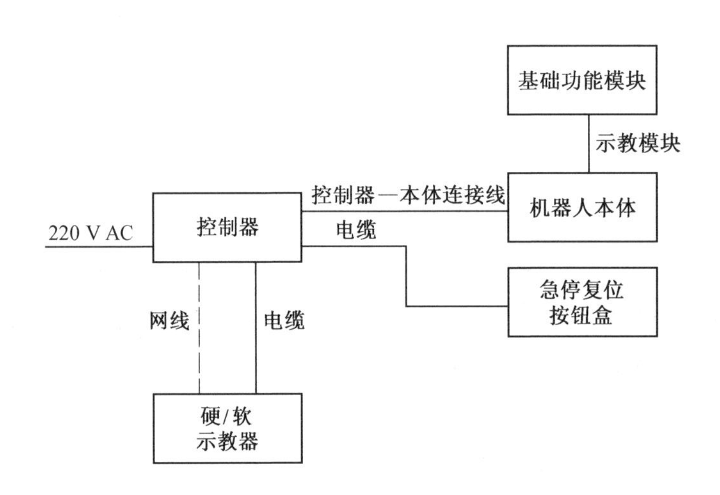

图 5.11 机器人现场连接电气示意图

5.4.2 应用系统配置

在完成应用系统连接后，需新建程序，进行应用系统配置的操作步骤见表 5.1。

表 5.1 新建程序的操作步骤

序号	图片示例	操作步骤
1	TeachPendantUI	双击桌面图标“TeachPendantUI”，打开软件主界面

续表 5.1

序号	图片示例	操作步骤
2		打开示教器软件，选择主菜单的“登录”
3		通过示教器的“编程”图标进入编程界面
4		通过新建指令新增一个程序“AgileRobots2”，该程序作为程序树的一个树干存在

5.4.3 主体程序设计

曲线运动主体程序设计的操作步骤见表 5.2。

表 5.2 曲线运动主体程序设计的操作步骤

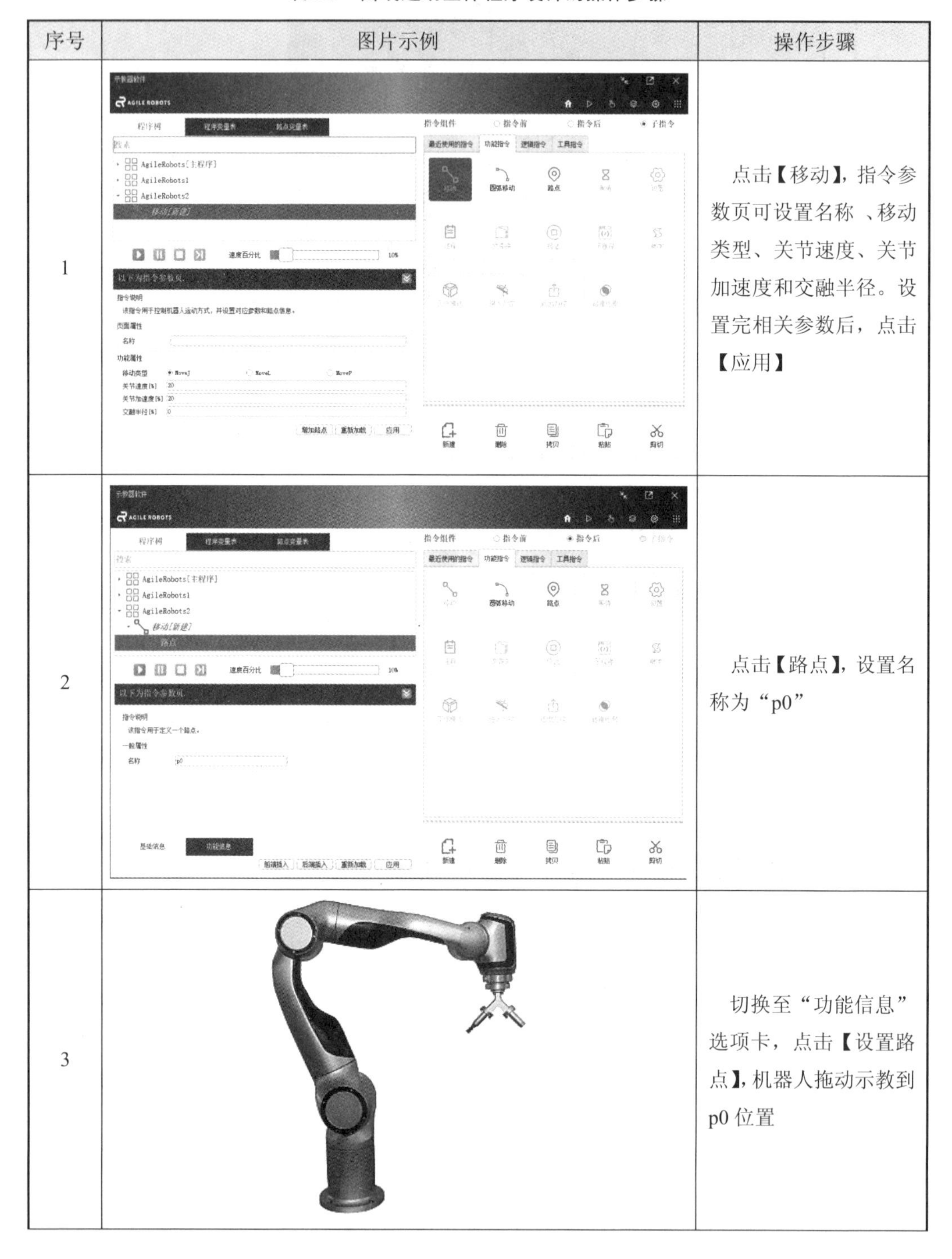

序号	图片示例	操作步骤
1		点击【移动】，指令参数页可设置名称、移动类型、关节速度、关节加速度和交融半径。设置完相关参数后，点击【应用】
2		点击【路点】，设置名称为“p0”
3		切换至“功能信息”选项卡，点击【设置路点】，机器人拖动示教到 p0 位置

续表 5.2

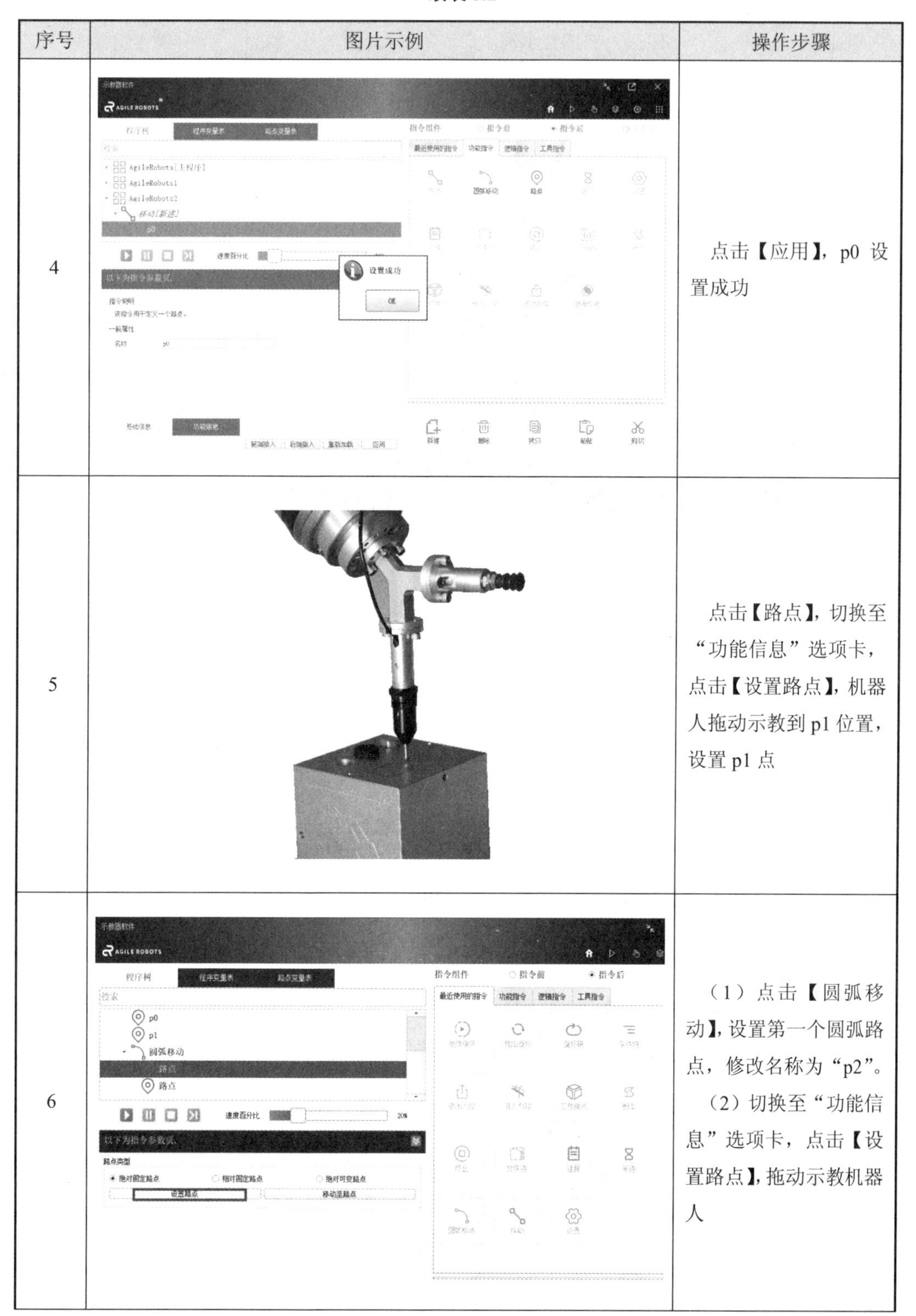

序号	图片示例	操作步骤
4		点击【应用】，p0 设置成功
5		点击【路点】，切换至“功能信息”选项卡，点击【设置路点】，机器人拖动示教到 p1 位置，设置 p1 点
6		（1）点击【圆弧移动】，设置第一个圆弧路点，修改名称为“p2”。 （2）切换至“功能信息”选项卡，点击【设置路点】，拖动示教机器人

续表 5.2

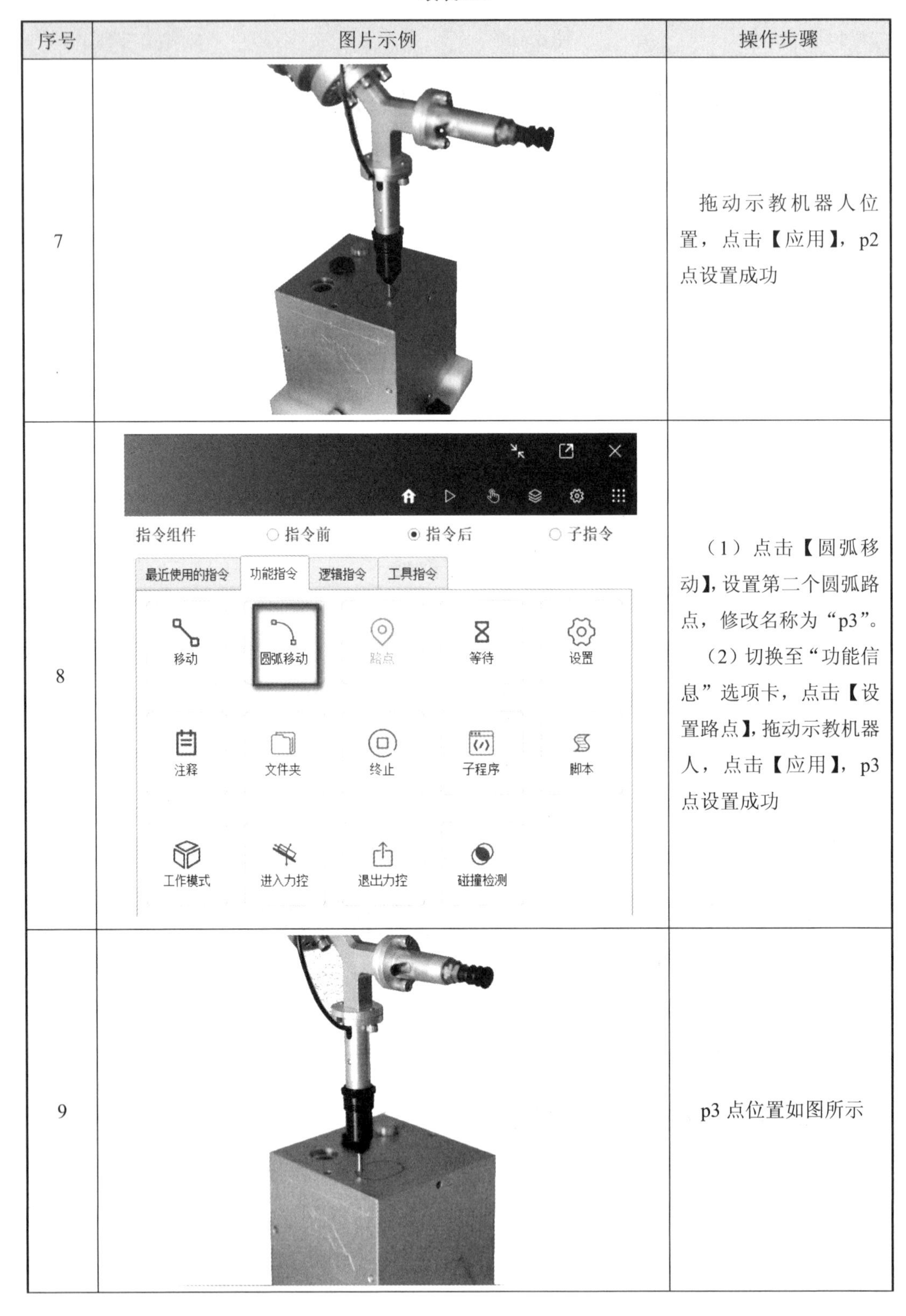

序号	图片示例	操作步骤
7		拖动示教机器人位置，点击【应用】，p2点设置成功
8		（1）点击【圆弧移动】，设置第二个圆弧路点，修改名称为“p3”。 （2）切换至“功能信息”选项卡，点击【设置路点】，拖动示教机器人，点击【应用】，p3点设置成功
9		p3 点位置如图所示

续表 5.2

序号	图片示例	操作步骤
10	AGILE ROBOTS 程序树　程序变量表　路点变量表 搜索 AgileRobots[主程序] AgileRobots1 AgileRobots2 移动[新建] p0 p1 圆弧移动 p2 p3 圆弧移动[新建] 路点 路点	新建一个圆弧指令
11	AGILE ROBOTS 程序树　程序变量表　路点变量表 p2 p3 圆弧移动[新建] 路点 路点 速度百分比 以下为指令参数页. 指令说明 该指令用于定义一个路点。 名称　p4 基础信息　功能信息 重新加载　应用 指令组件　指令前　指令后 最近使用的指令　功能指令　逻辑指令　工具指令 新建　拷贝	定义第一个路点的名称为“p4”
12	以下为指令参数页. 路点类型 绝对固定路点　相对固定路点　绝对可变路点 设置路点　2　移动至路点 从父节点继承 关节角速度比[%] 关节角加速度比[%] 交融半径比[%] 坐标：Base　选择 基础信息　功能信息　1 前端插入　后端插入　重新加载　应用	切换至“功能信息”选项卡，点击【设置路点】，设置 p4 点

续表 5.2

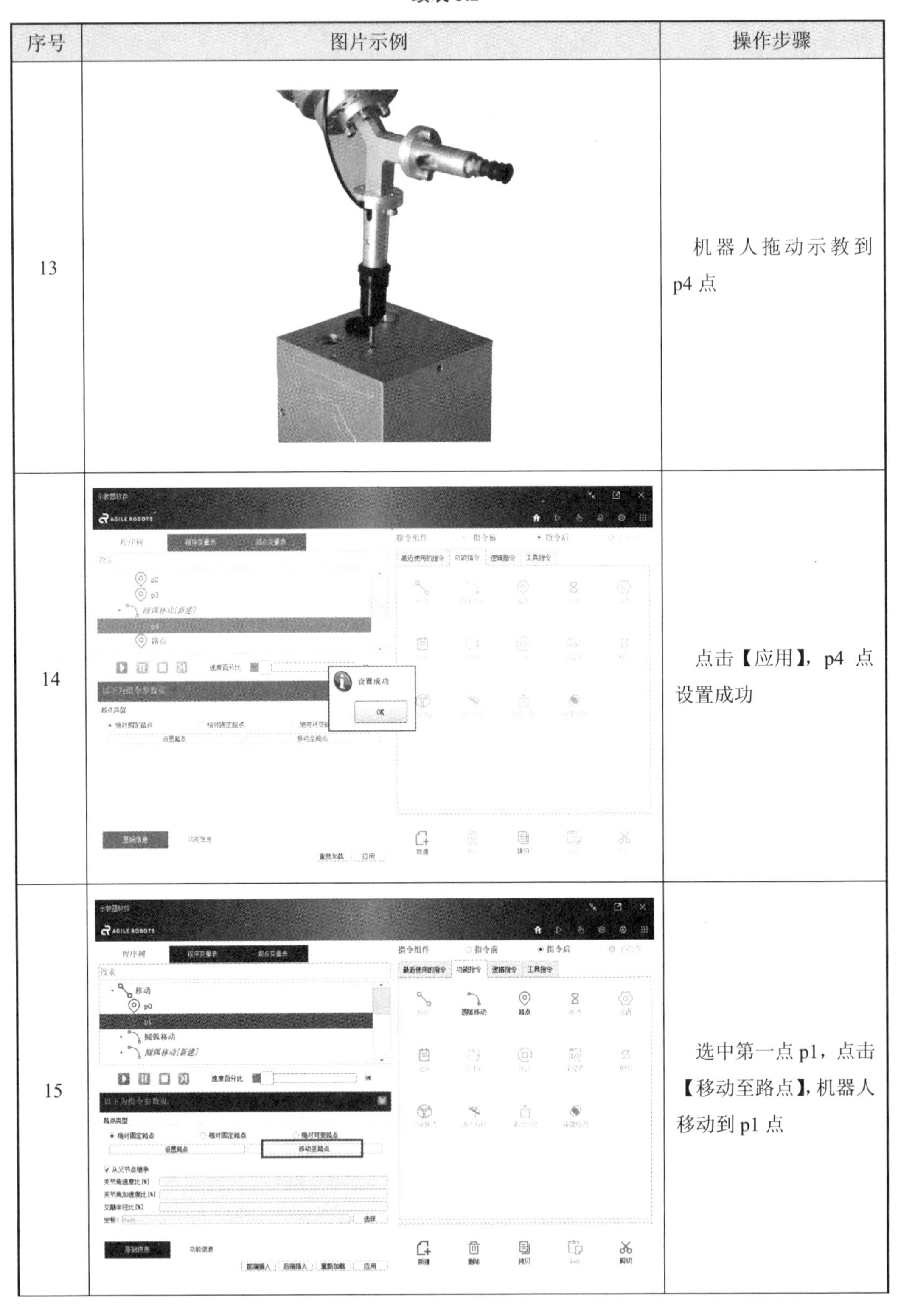

序号	图片示例	操作步骤
13		机器人拖动示教到p4 点
14		点击【应用】，p4 点设置成功
15		选中第一点 p1，点击【移动至路点】，机器人移动到 p1 点

续表 5.2

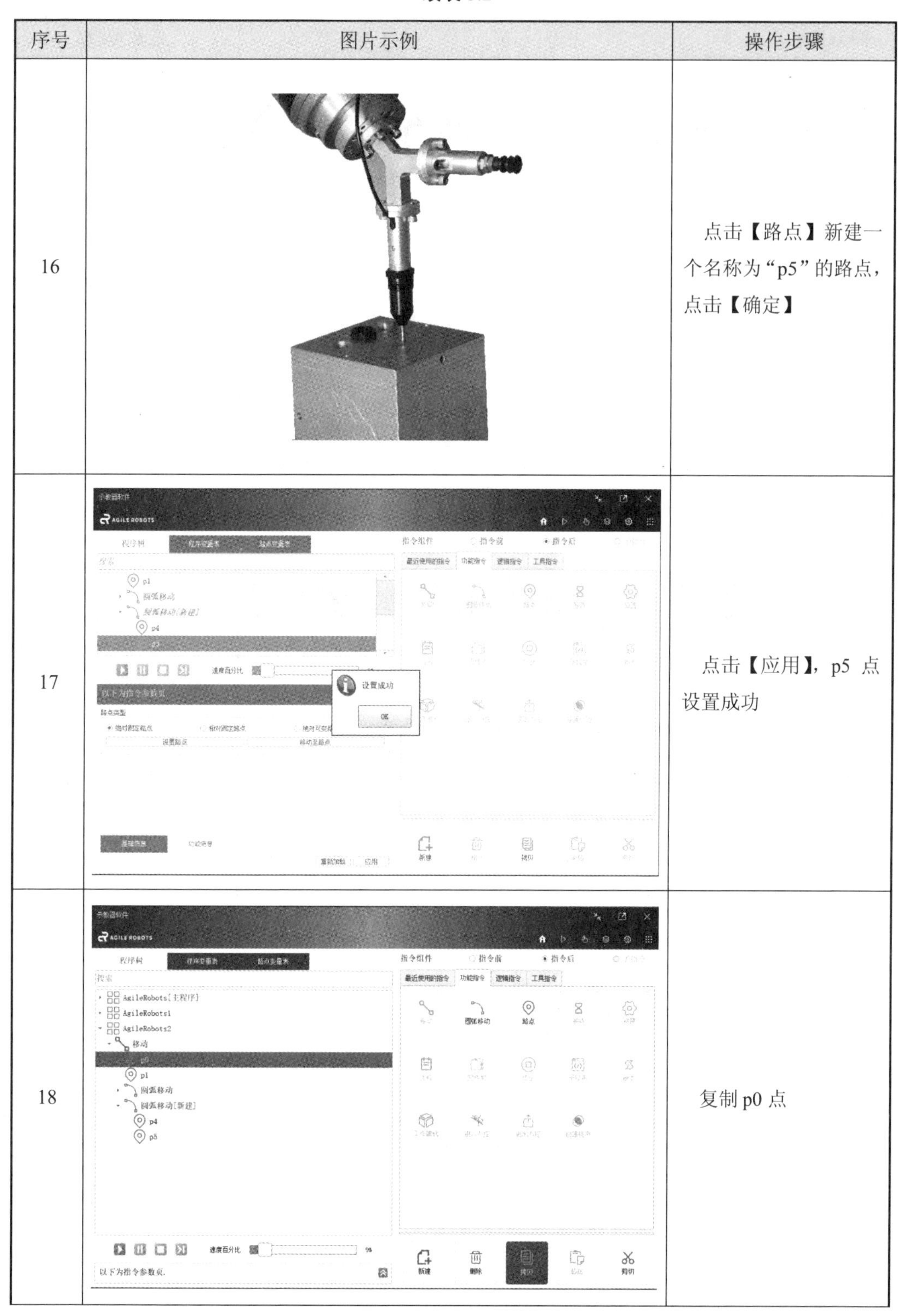

序号	图片示例	操作步骤
16		点击【路点】新建一个名称为“p5”的路点，点击【确定】
17		点击【应用】，p5 点设置成功
18		复制 p0 点

续表 5.2

序号	图片示例	操作步骤
19	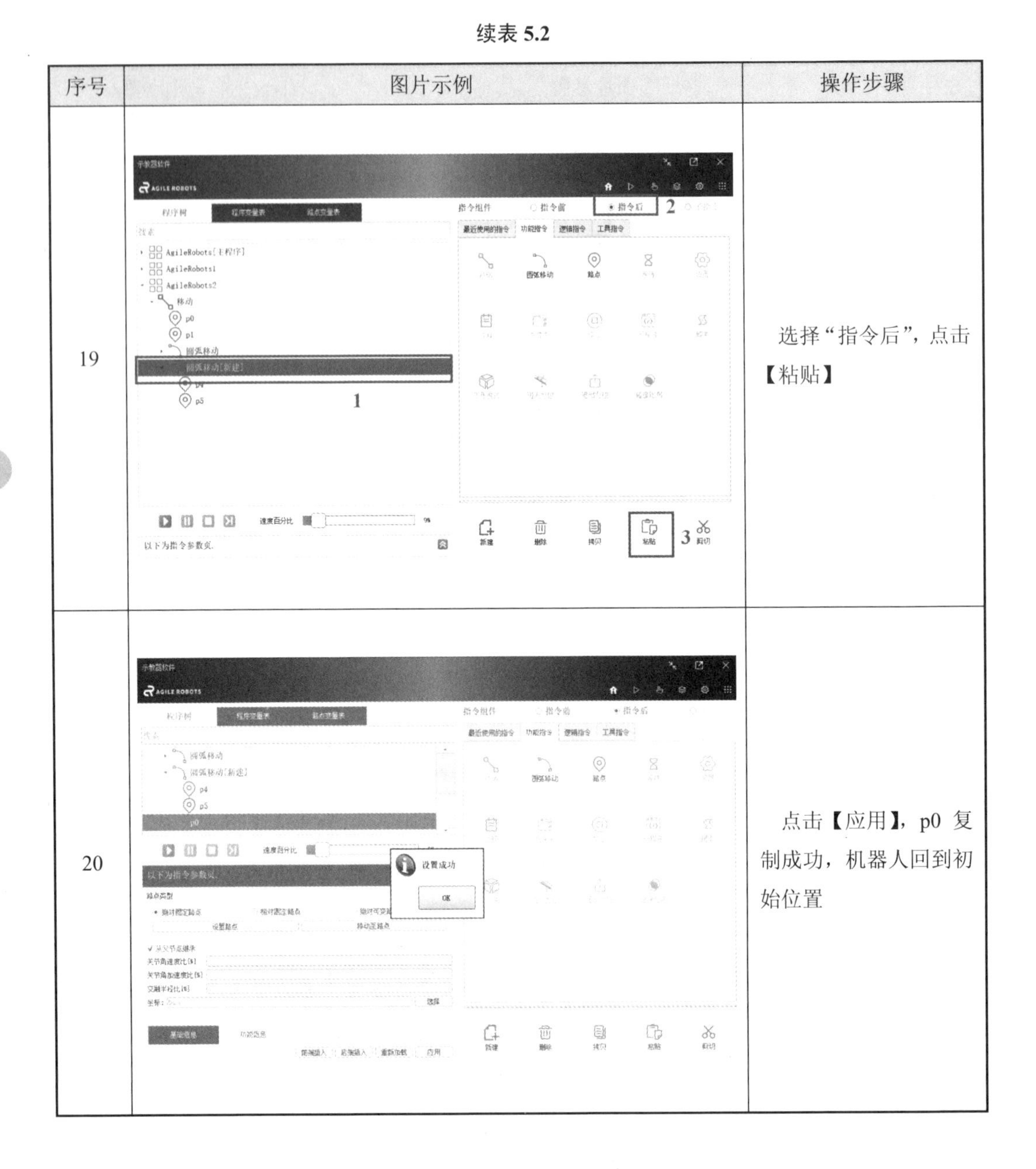	选择“指令后”，点击【粘贴】
20		点击【应用】，p0 复制成功，机器人回到初始位置

5.4.4 关联程序设计

关联程序设计——新建工具坐标系的操作步骤见表 5.3。

表 5.3　新建工具坐标系的操作步骤

序号	图片示例	操作步骤
1	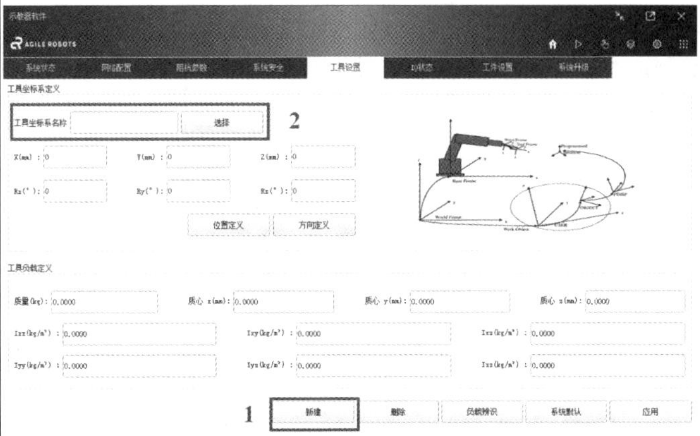	选择“工具设置”界面，点击【新建】，可命名工具坐标系的名称
2		（1）点击【位置定义】，建立工具坐标系。 （2）点击【设置点 1】，界面跳转到手动操作界面。按住拖拽按钮，拖拽至位置 1
3		位置点 1 记录完成，如左图所示

续表 5.3

序号	图片示例	操作步骤
4		点击【设置点 2】，界面跳转到手动操作界面，拖拽至位置 2
5		位置点 2 记录完成。拖动示教至点 2 可查看位置是否准确
6		点击【设置点 3】，界面跳转到手动操作界面，拖拽至位置 3

续表 5.3

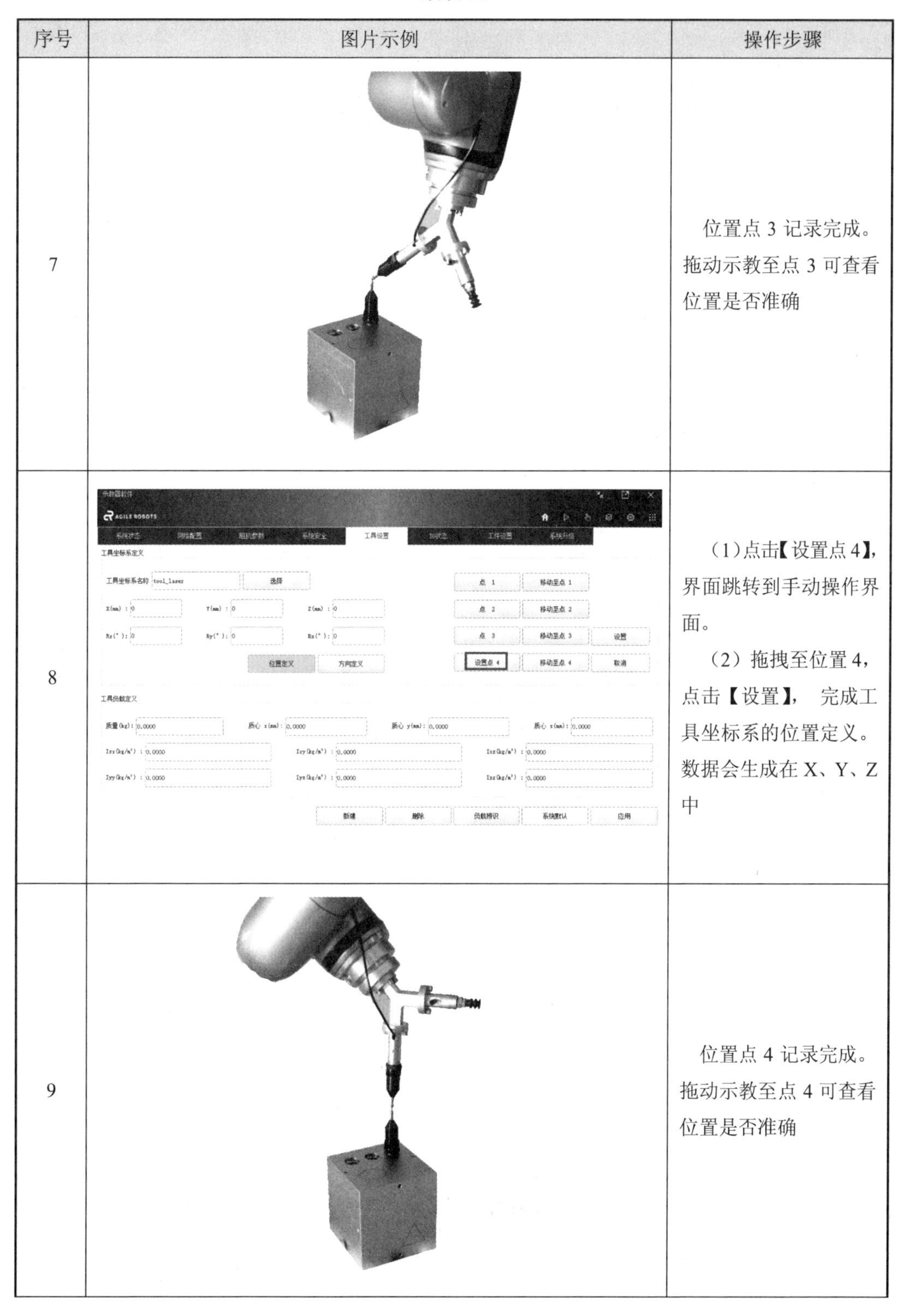

序号	图片示例	操作步骤
7		位置点 3 记录完成。拖动示教至点 3 可查看位置是否准确
8		（1）点击【设置点 4】，界面跳转到手动操作界面。 （2）拖拽至位置 4，点击【设置】，完成工具坐标系的位置定义。数据会生成在 X、Y、Z 中
9		位置点 4 记录完成。拖动示教至点 4 可查看位置是否准确

续表 5.3

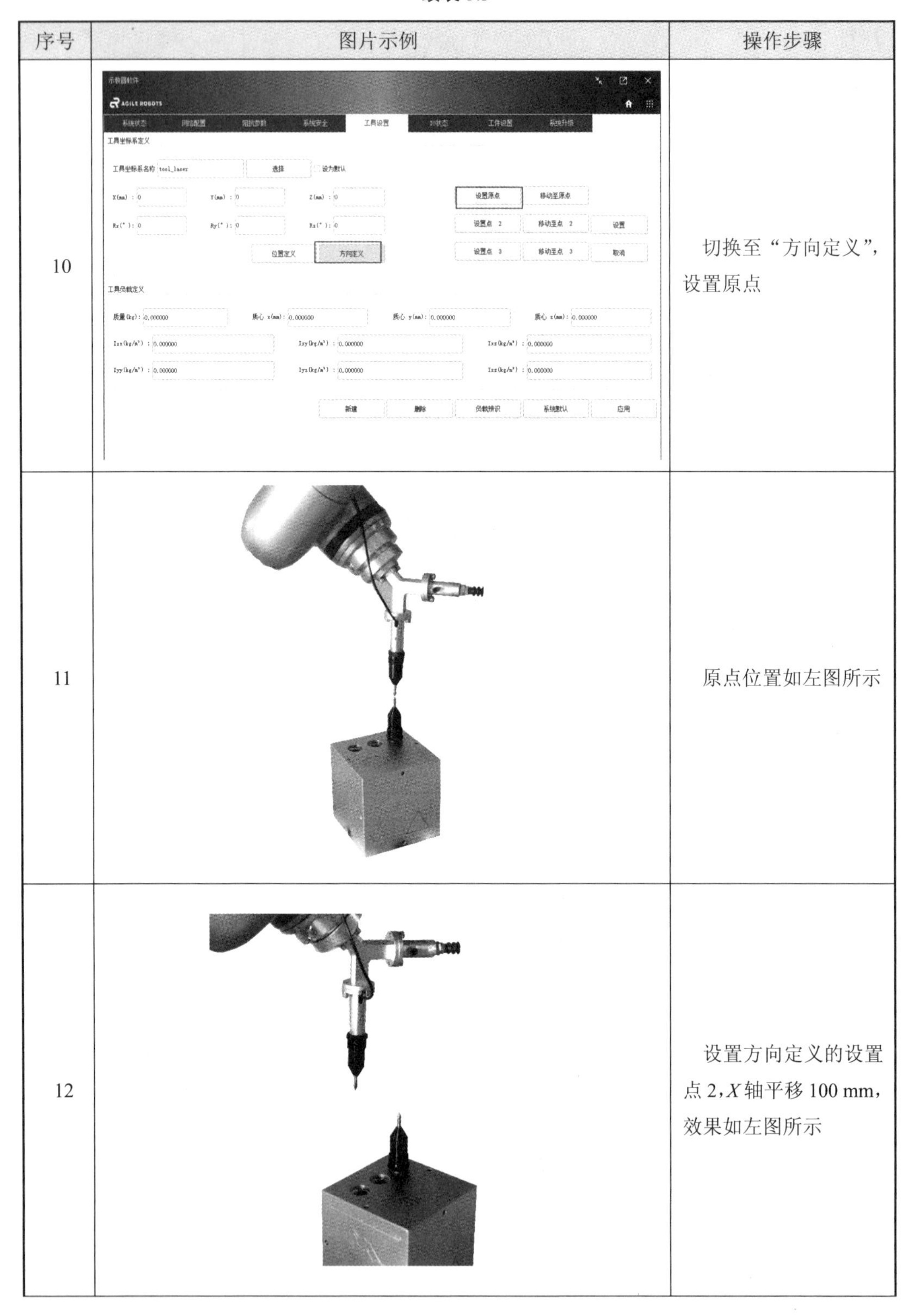

序号	图片示例	操作步骤
10		切换至“方向定义”，设置原点
11		原点位置如左图所示
12		设置方向定义的设置点 2，X 轴平移 100 mm，效果如左图所示

续表 5.3

序号	图片示例	操作步骤
13	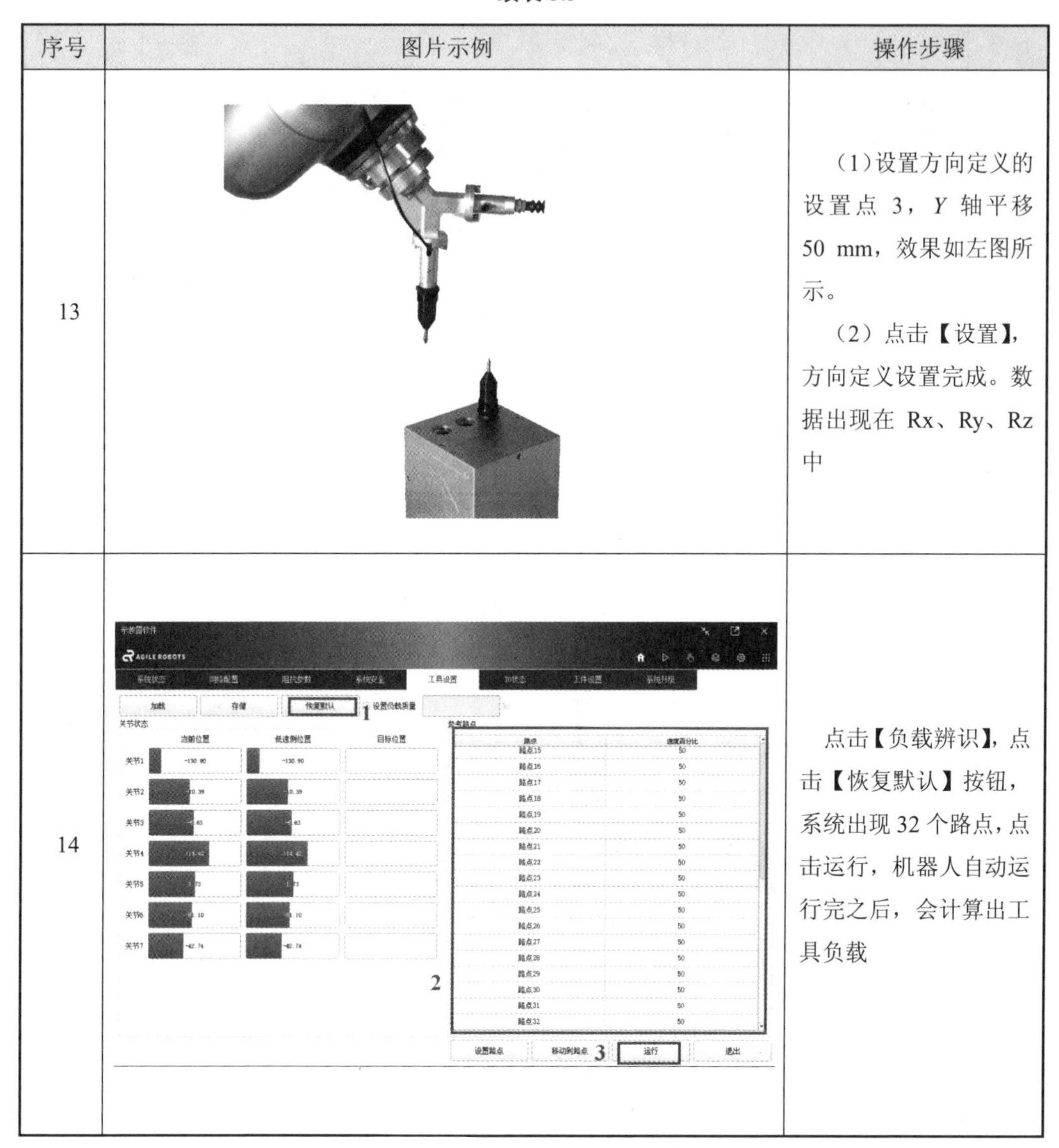	（1）设置方向定义的设置点 3，Y 轴平移 50 mm，效果如左图所示。 （2）点击【设置】，方向定义设置完成。数据出现在 Rx、Ry、Rz 中
14		点击【负载辨识】，点击【恢复默认】按钮，系统出现 32 个路点，点击运行，机器人自动运行完之后，会计算出工具负载

工件坐标系用于定义工件相对于大地坐标系或者其他坐标系的位置，具有两个作用：

（1）方便用户以工件平面方向为参考进行手动操作调试。

（2）当工件位置更改后，通过重新定义该坐标系，机器人即可正常工作，不需要对机器人的程序进行修改。

定义工件坐标系的操作步骤见表 5.4。

表 5.4　定义工件坐标系的操作步骤

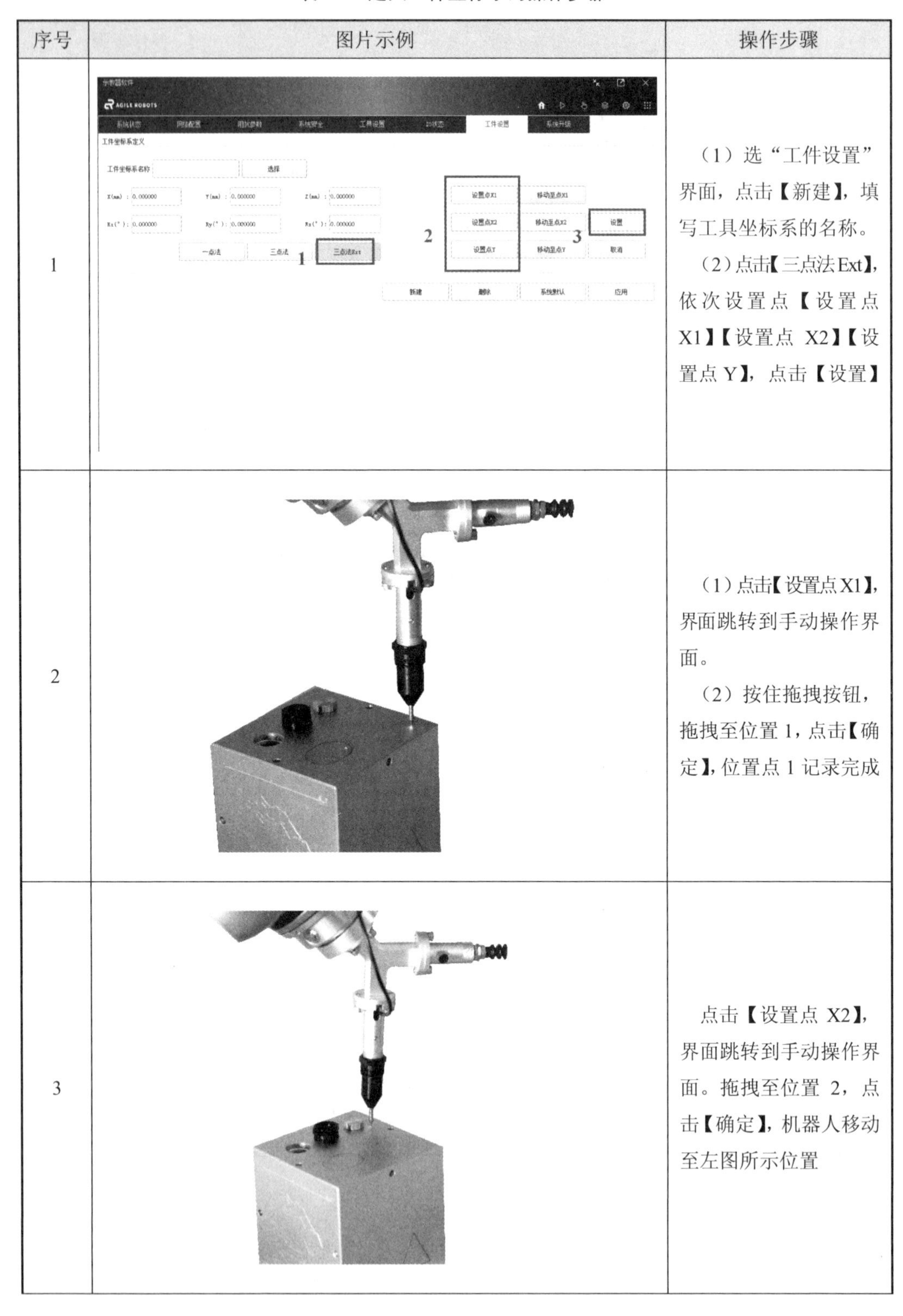

序号	图片示例	操作步骤
1		（1）选“工件设置”界面，点击【新建】，填写工具坐标系的名称。 （2）点击【三点法 Ext】，依次设置点【设置点 X1】【设置点 X2】【设置点 Y】，点击【设置】
2		（1）点击【设置点 X1】，界面跳转到手动操作界面。 （2）按住拖拽按钮，拖拽至位置 1，点击【确定】，位置点 1 记录完成
3		点击【设置点 X2】，界面跳转到手动操作界面。拖拽至位置 2，点击【确定】，机器人移动至左图所示位置

续表 5.4

序号	图片示例	操作步骤
4	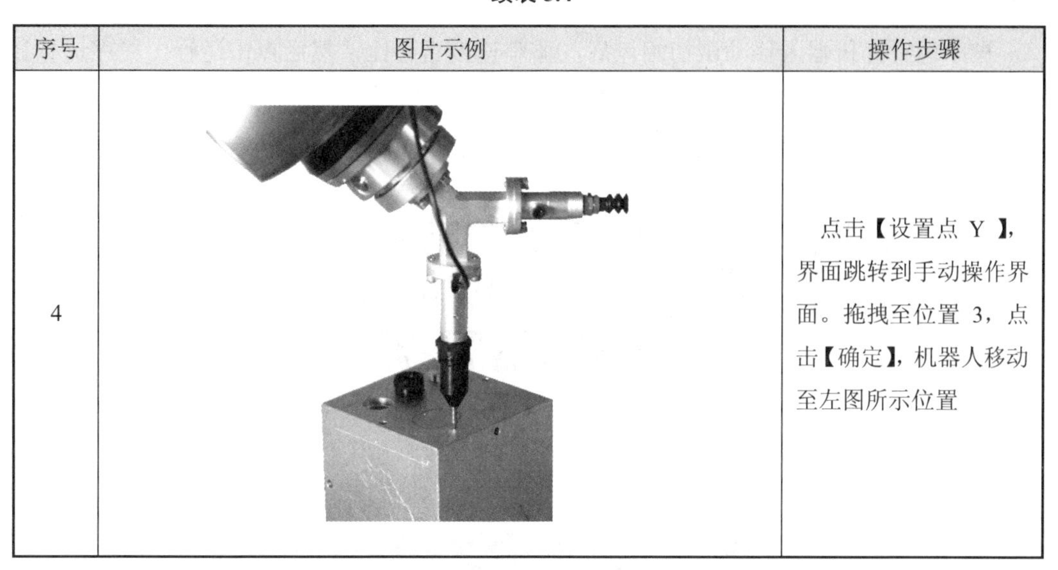	点击【设置点 Y 】，界面跳转到手动操作界面。拖拽至位置 3，点击【确定】，机器人移动至左图所示位置

5.4.5　项目程序调试

选择相应程序，点击【▶】（运行）按钮，如果当前机械臂不在第一个路点的位置，系统弹出移动至初始路点的提示框。程序调试界面如图 5.12 所示。

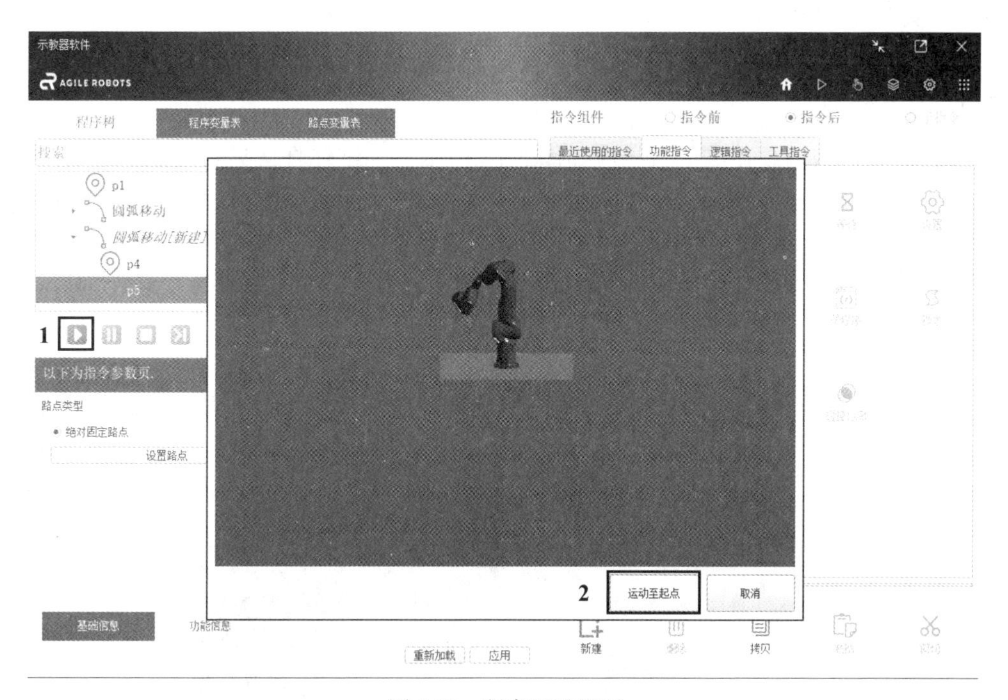

图 5.12　程序调试界面

5.4.6 项目总体运行

程序运行：机器人移动至初始点后，调整速度百分比，然后点击运行。程序运行过程中可以停止或者暂停，暂停之后点击恢复可以继续运行。

当勾选循环执行时，若执行顺序到达该程序的最后一条指令且该指令执行完毕，则重新运行完整的该程序。程序运行界面如图 5.13 所示。

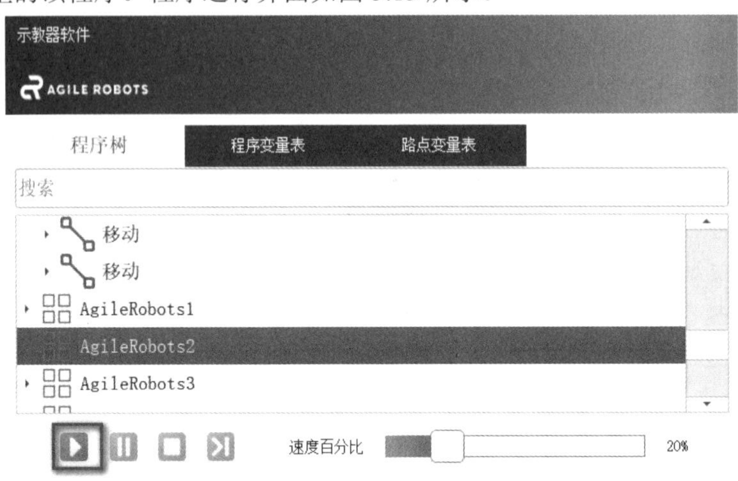

图 5.13 程序运行界面

5.5 项目验证

5.5.1 效果验证

项目运行完成后，得到的效果应如图 5.14 所示，尖锥夹具从起始点轴动运动到过渡点后，直线运动到 S 形曲线的第一点，然后按照图 5.14 所示的路径进行运动，最后回到安全点。

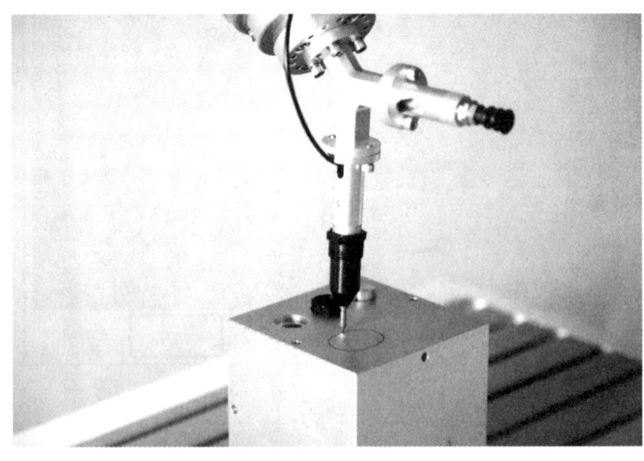

图 5.14 效果验证

5.5.2　数据验证

程序编写完成后，在指令参数页的“功能信息”选项卡下，持续按【移动至路点】，可查看每一点的位姿数据，通过点位信息也可验证程序的可行性，如图 5.15 所示。

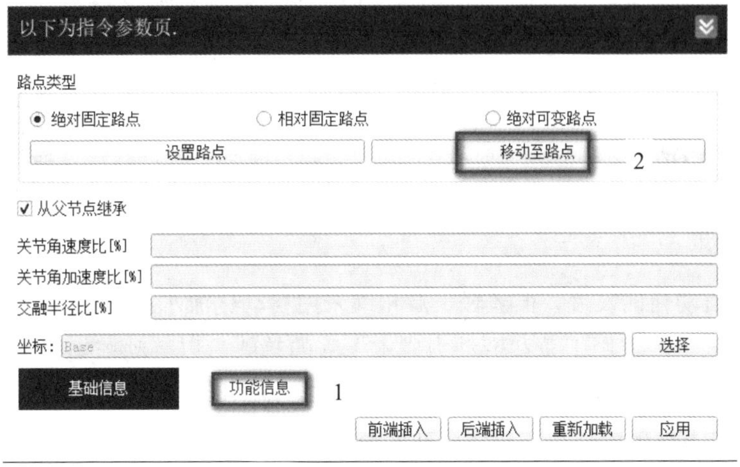

以下为指令参数页.
路点类型
绝对固定路点　相对固定路点　绝对可变路点
设置路点　移动至路点　2
从父节点继承
关节角速度比[%]
关节角加速度比[%]
交融半径比[%]
坐标：Base　选择
基础信息　功能信息　1
前端插入　后端插入　重新加载　应用

图 5.15　数据验证

5.6　项目总结

5.6.1　项目评价

本项目基于基础功能模块，主要介绍了机器人的曲线运动指令应用，演示了路点示教过程，通过本项目的学习理解以下项目意义：机器人曲线运动命令可在路点之间进行曲线移动。

5.6.2　项目拓展

通过本项目的学习，可以对项目进行以下拓展：

在理解曲线轨迹运动的基础上，需用到交融半径条件设置，利用尖锥夹具完成基础模块上圆周的轨迹示教。

第6章　输送搬运项目应用

6.1　项目概况

※ 输送搬运项目目的

6.1.1　项目背景

随着工业自动化的发展，很多轻工业相继采用自动化流水线作业，不仅效率提升了，生产成本也降低了随着用工荒和劳动力成本上涨的趋势，以劳动密集型企业为主的中国制造业进入新的发展状态，机器人搬运码垛生产线开始进入配送、搬运、码垛等工作领域。图 6.1 所示为模拟工业自动化流水线的输送带搬运应用。

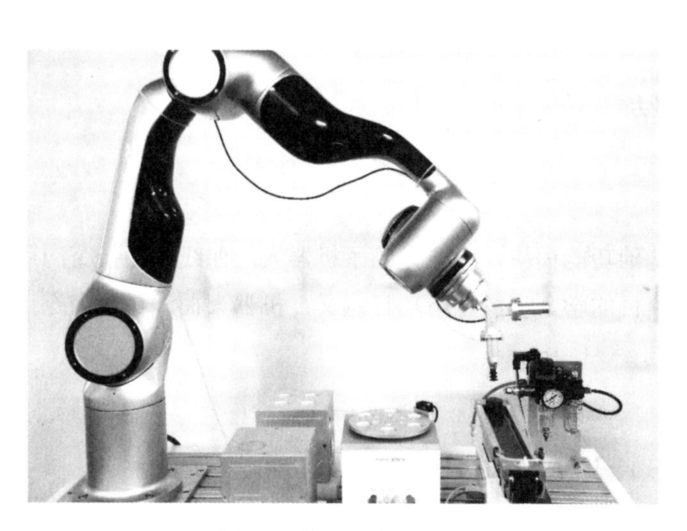

图 6.1　输送带搬运应用

6.1.2　项目需求

本项目为基于物料检测的输送带搬运项目，利用物料输送模块，通过物料检测与物料搬运操作来介绍 I/O 应用和路径示教方法。物料输送模块上的传送带开启后，圆饼状的搬运物料在摩擦力的作用下向模块的一侧运动，当数字输入端口接收到来料检测传感器输出的来料信号时，机器人按规划路径运动，并在预定位置通过数字输出信号控制吸盘吸取和释放物料。

6.1.3 项目目的

在本项目的学习训练中需实现以下目的：

（1）了解输送带搬运项目的应用场景及项目意义。

（2）熟悉输送带搬运动作的流程及路径规划。

（3）掌握机器人 I/O 的设置。

（4）掌握机器人的编程、调试及运行。

6.2 项目分析

6.2.1 项目构架

本项目的整体构架（物料输送模块）如图 6.2 所示，项目中需用到吸盘工具和光电传感器，吸盘工具和光电传感器分别与控制柜内的 IO 板进行电缆连接。电磁阀控制工具末端吸盘的气压，光电传感器用于检测物料到来的信号。按要求的动作顺序进行轨迹运动。

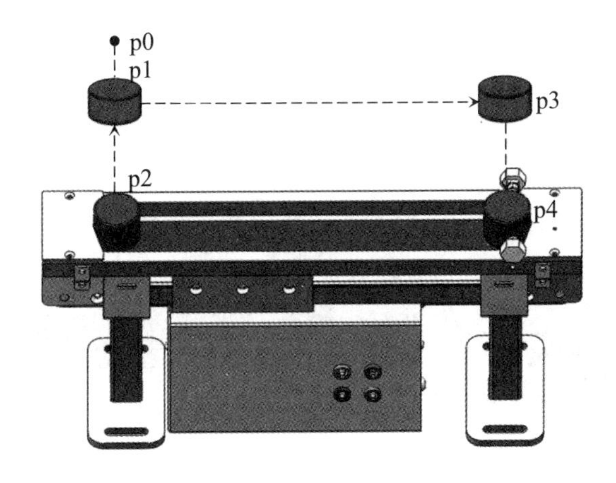

图 6.2 物料输送模块

6.2.2 项目流程

在基于物料检测的输送带搬运项目实施过程中，需要按照以下流程：

（1）对项目进行分析，可知此项目需在输送带上实现检测并完成搬运物料的操作。

（2）搭建机器人系统。

（3）完成硬件连接并进行物料输送路径规划，对电磁阀及光电传感器进行硬件连接。

（4）创建程序，编写程序，调试检查程序，确认无误后运行程序，观察程序运行结果。

基于物料检测的输送带搬运项目流程如图 6.3 所示。

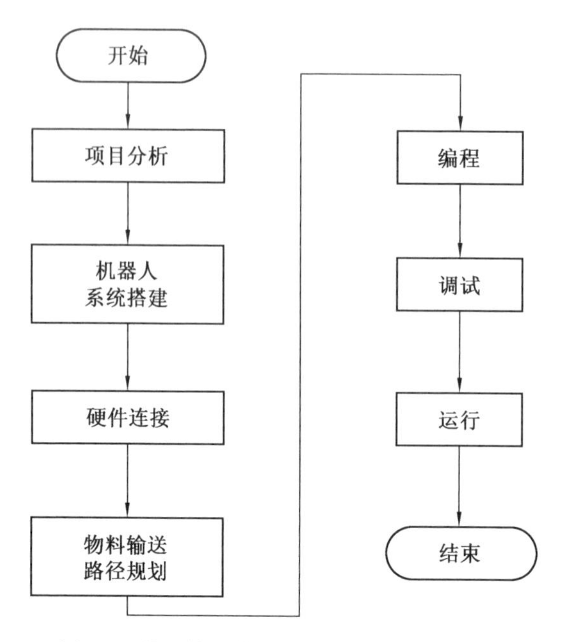

图 6.3　基于物料检测的输送带搬运项目流程

6.3　项目要点

※ 输送搬运项目要点

6.3.1　设置指令

外部输入/输出类型：输出的数据有数字输出和模拟输出，根据实际的业务需求，从输出端口输出数字或模拟数据。设置指令如图 6.4 所示。

图 6.4　设置指令

6. 3. 2　条件指令

条件语句结构可以通过判断变量值来改变机器人的行为。在逻辑指令编辑器中选择条件块，使用条件块时至少拥有一个条件分支。

条件分支作为条件块的附属功能，用户可通过程序变量来自定义条件表达式，决定程序在条件块中的执行顺序。

表达式的表达规则参考设置指令。条件分支指令如图 6.5 所示。

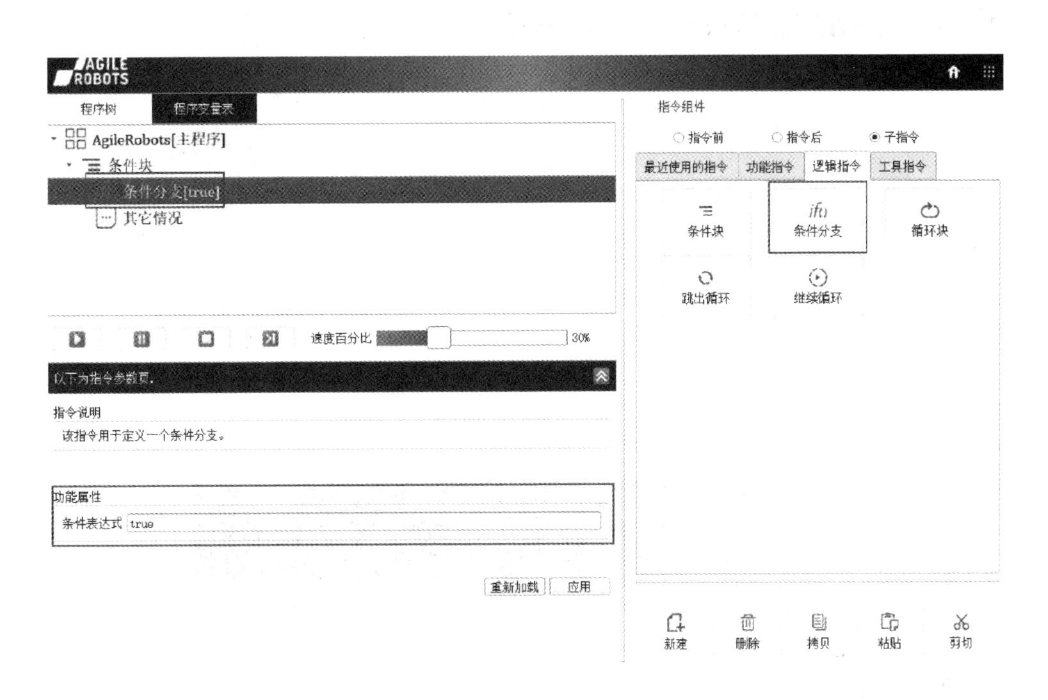

图 6.5　条件分支指令

6. 3. 3　循环指令

循环语句结构可以通过判断变量值来决定是否循环执行。循环语句结构至少包含一个循环体。

程序命令在循环条件表达式为真时可以无限循环运行，也可以运行指定时间。

表达式的表达规则参考设置功能指令。跳出循环指令用于在循环体内结束循环。继续循环指令用与在当前循环结束后继续下一循环。

循环块指令如图 6.6 所示。跳出循环指令如图 6.7 所示。继续循环指令如图 6.8 所示。

图 6.6　循环块指令

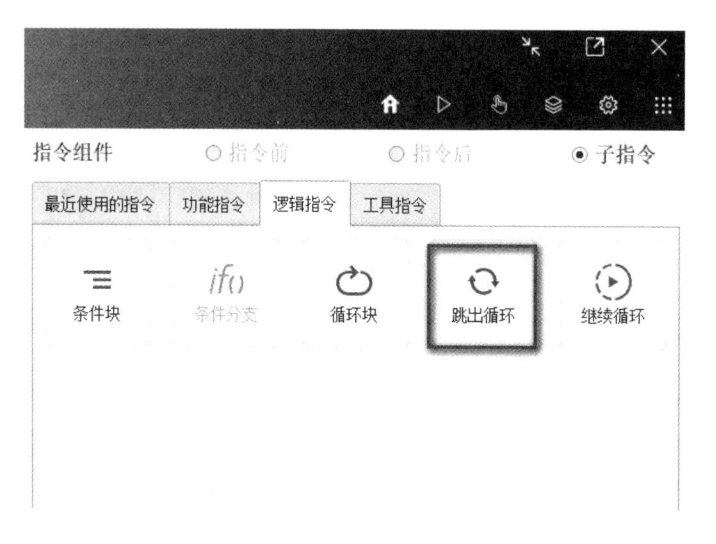

图 6.7　跳出循环指令

图 6.8　继续循环指令

6.4　项目步骤

※ 输送搬运项目步骤

6.4.1　应用系统连接

应用系统连接如图 6.9 所示。

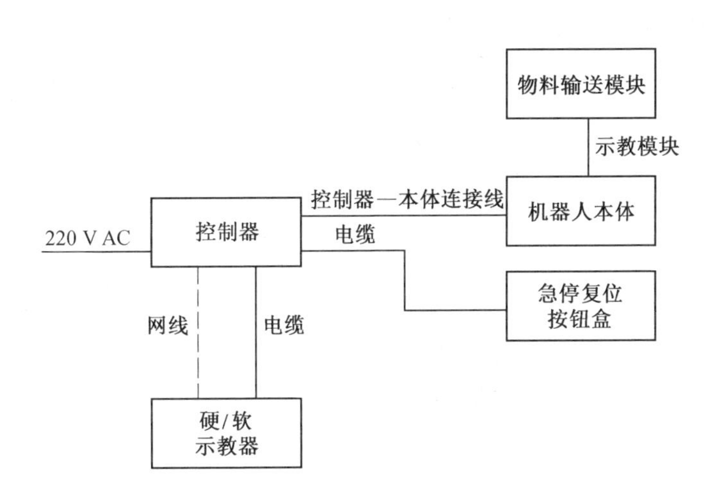

图 6.9　应用系统连接

物料输送模块插线面板简介如下。皮带输送机构中，皮带做线性循环运动，工件从皮带一端被输送至另一端。当皮带端部的光电传感器感应到物料时即时反馈给上层，机器人收到反馈并抓取工件移动放至指定工位。物料输送模块的接线面板如图 6.10 所示。物料输送模块接线面板功能见表 6.1。

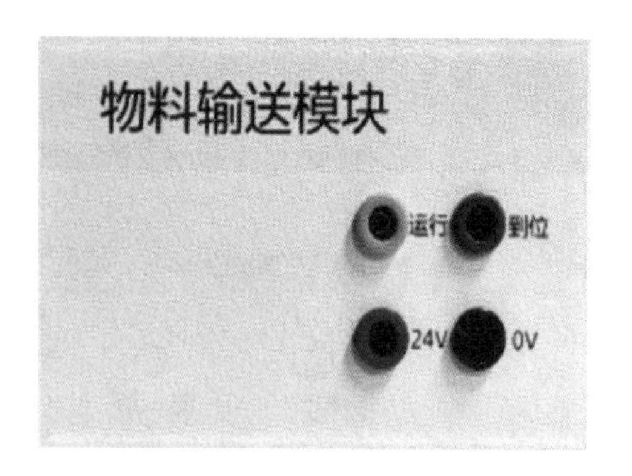

图 6.10　物料输送模块接线面板

表 6.1　物料输送模块接线面板功能

序号	模块端	外接端	说明
1	运行	DO02（机器人信号输出）	输送带运行
2	到位	DI03（机器人信号输入）	到位检测
3	24V	24 V（面板 24 V 电源）	外部供电
4	0V	0 V（面板 0 V 电源）	外部供电

6. 4. 2　应用系统配置

在完成应用系统连接后，需新建程序，进行应用系统配置的操作步骤见表 6.2。

表 6.2　新建程序的操作步骤

序号	图片示例	操作步骤
1		双击桌面图标“TeachPendantUI”，打开软件主界面

续表 6.2

序号	图片示例	操作步骤
2	重启机器人服务 登录 Switch to English 关于	打开示教器软件，选择主菜单的“登录”
3	编程 · 程序树 · 参数 · 结构 · 变量 … 点击进入	通过示教器的“编程”图标进入编程界面
4	以下为指令参数页. 一般属性 程序名称 AgileRobots3 功能属性 循环执行 运行　重新加载　应用	通过新建指令新增一个程序“AgileRobots3”，该程序作为程序树的一个树干存在

6.4.3　主体程序设计

物料输送模块主体程序设计的操作步骤见表 6.3。

表 6.3　物料输送模块主程序

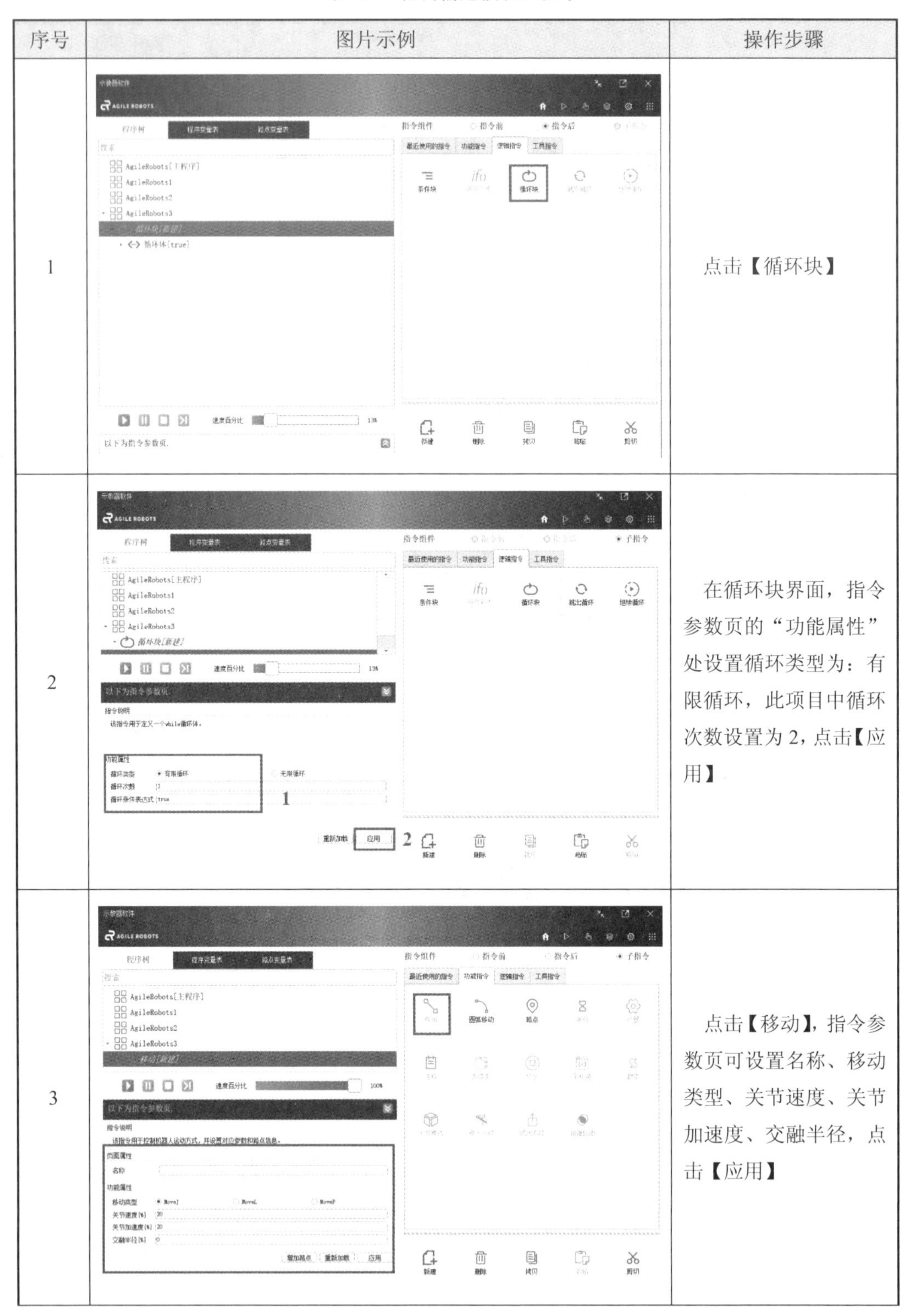

序号	图片示例	操作步骤
1		点击【循环块】
2		在循环块界面，指令参数页的“功能属性”处设置循环类型为：有限循环，此项目中循环次数设置为 2，点击【应用】
3		点击【移动】，指令参数页可设置名称、移动类型、关节速度、关节加速度、交融半径，点击【应用】

续表 6.3

序号	图片示例	操作步骤
4		点击【路点】，设置名称为“p0”，此点为机器人的安全位置
5	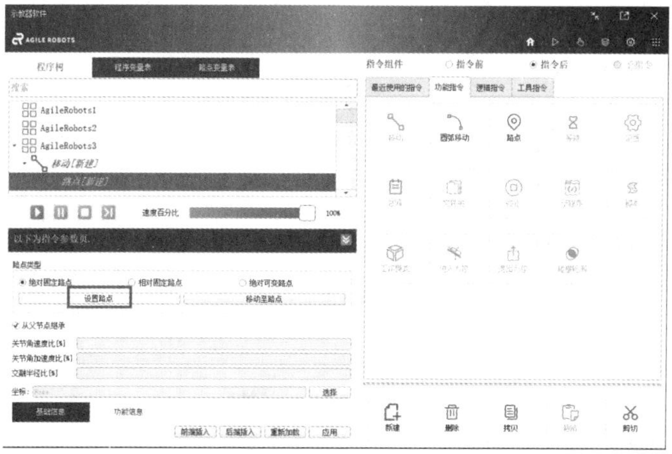	切换至“功能信息”选项卡，点击【设置路点】
6	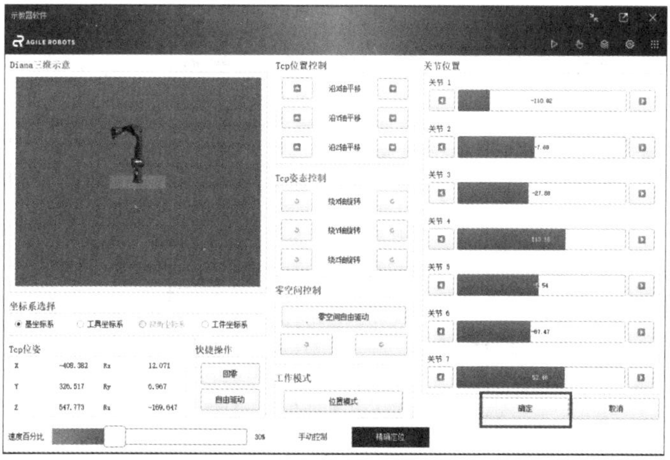	打开手动操作界面，手动拖动机器人到 p0 安全位置，机器人当前的姿态可从三维示意图中看到，点击【确定】

续表 6.3

序号	图片示例	操作步骤
7		返回程序树界面，点击【应用】，设置成功
8		新建路点，设置名称“p1”，该点为机器人的抓取点上方位置
9	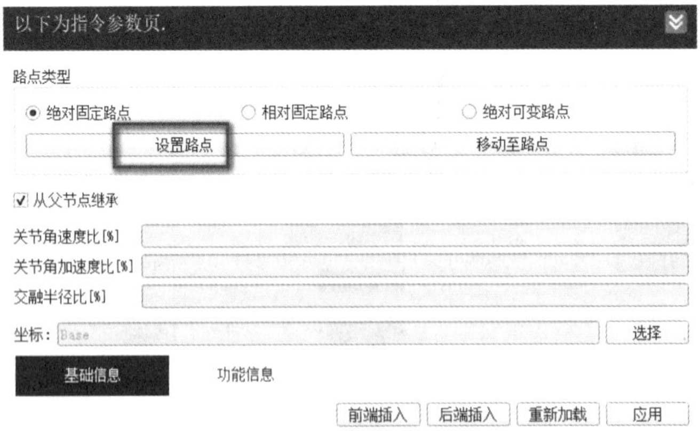	切换至“功能信息”选项卡，点击【设置路点】

续表 6.3

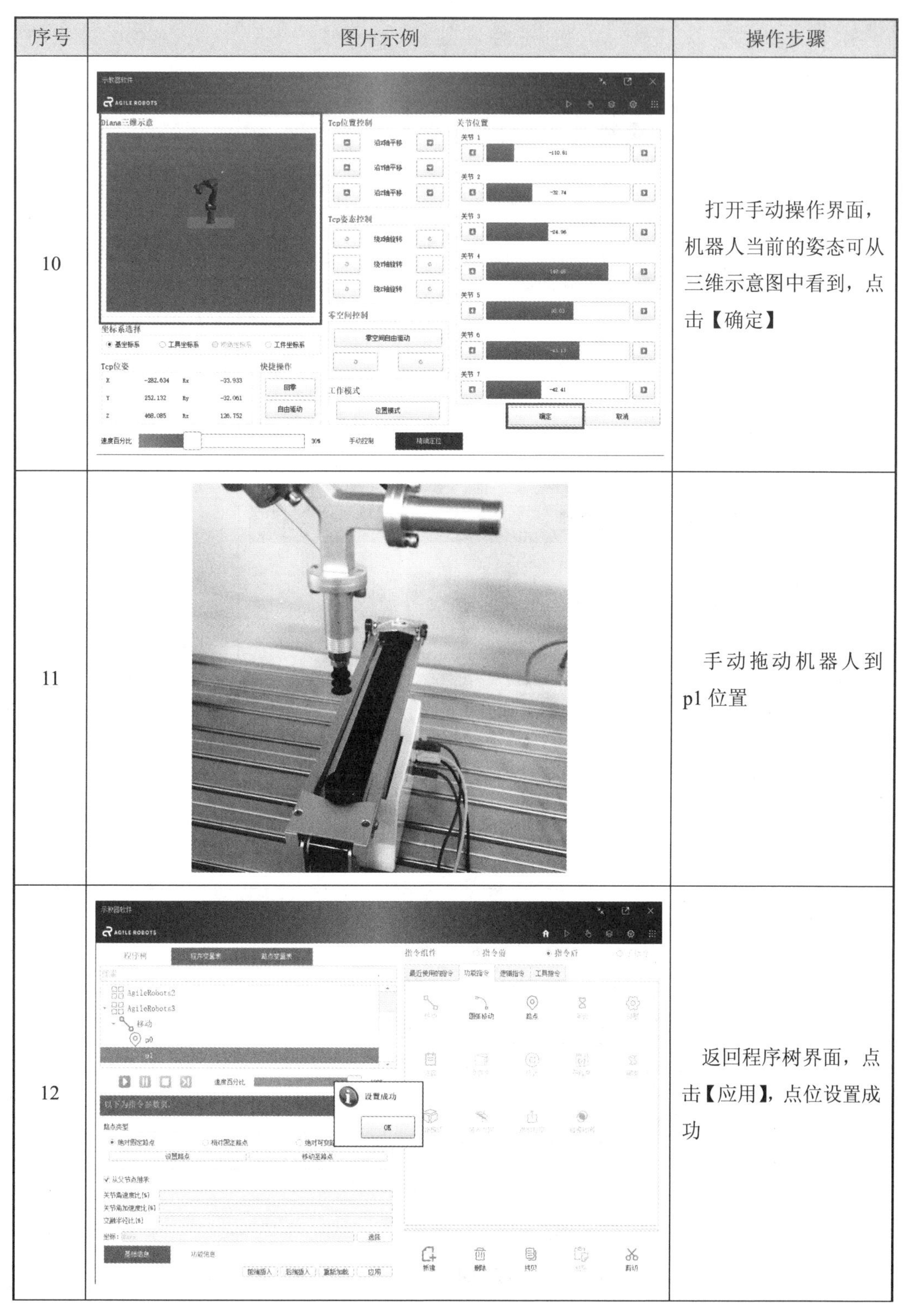

序号	图片示例	操作步骤
10		打开手动操作界面，机器人当前的姿态可从三维示意图中看到，点击【确定】
11		手动拖动机器人到 p1 位置
12		返回程序树界面，点击【应用】，点位设置成功

续表 6.3

序号	图片示例	操作步骤
13		点击【路点】，设置名称“p2”
14	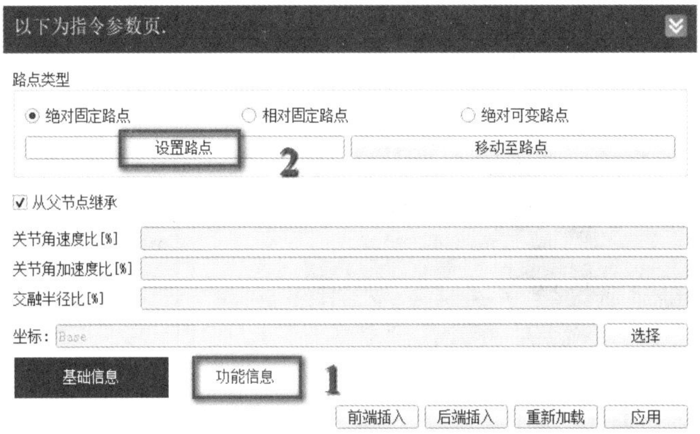	切换至“功能信息”选项卡，点击【设置路点】
15	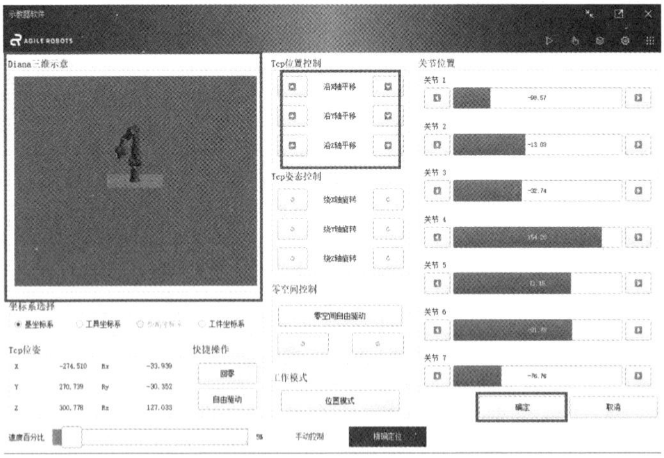	打开手动操作界面

续表 6.3

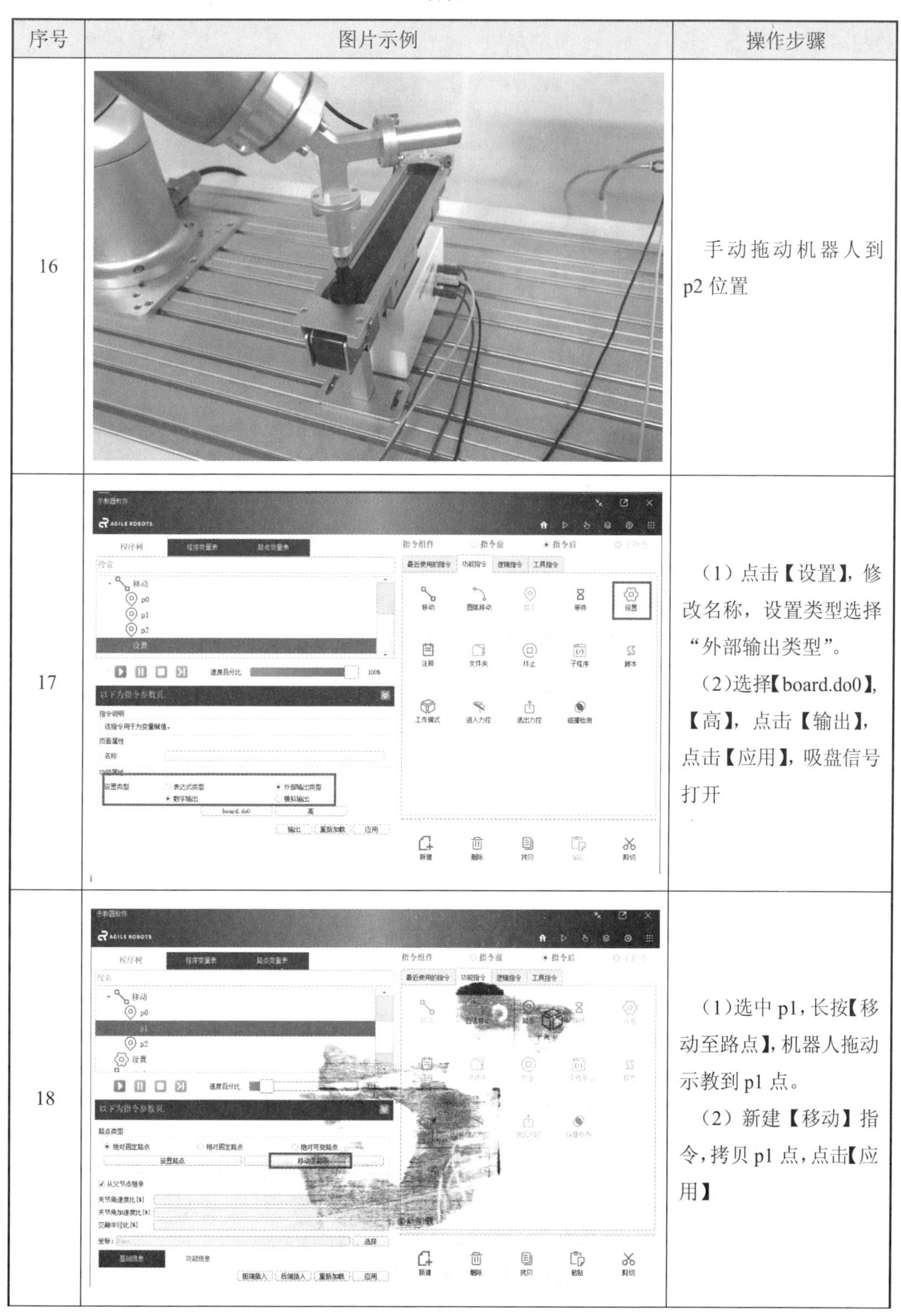

序号	图片示例	操作步骤
16		手动拖动机器人到 p2 位置
17		（1）点击【设置】，修改名称，设置类型选择“外部输出类型”。 （2）选择【board.do0】，【高】，点击【输出】，点击【应用】，吸盘信号打开
18		（1）选中 p1，长按【移动至路点】，机器人拖动示教到 p1 点。 （2）新建【移动】指令，拷贝 p1 点，点击【应用】

续表 6.3

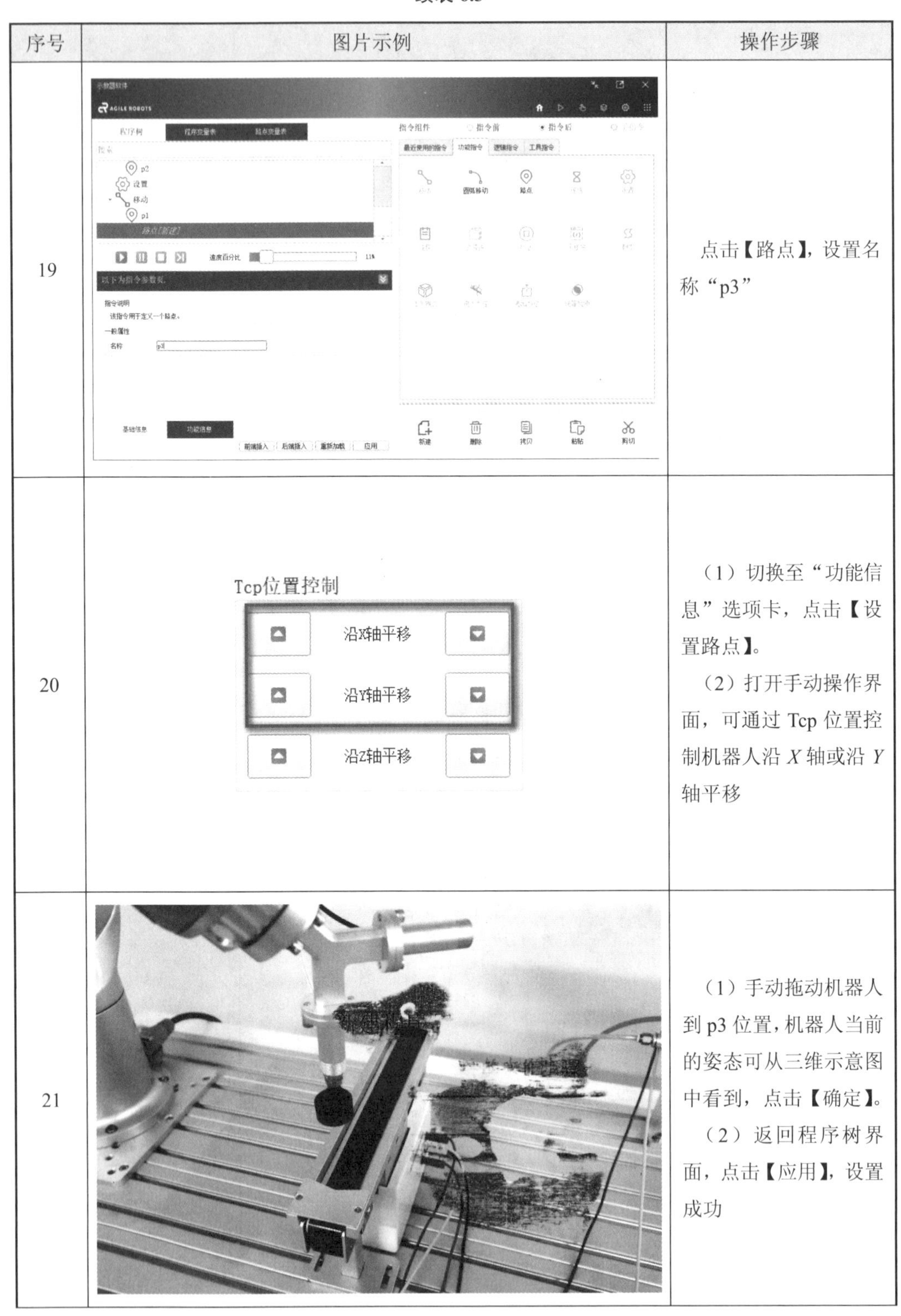

序号	图片示例	操作步骤
19		点击【路点】，设置名称“p3”
20	Tcp位置控制 沿X轴平移 沿Y轴平移 沿Z轴平移	（1）切换至“功能信息”选项卡，点击【设置路点】。 （2）打开手动操作界面，可通过 Tcp 位置控制机器人沿 *X* 轴或沿 *Y* 轴平移
21		（1）手动拖动机器人到 p3 位置，机器人当前的姿态可从三维示意图中看到，点击【确定】。 （2）返回程序树界面，点击【应用】，设置成功

续表 6.3

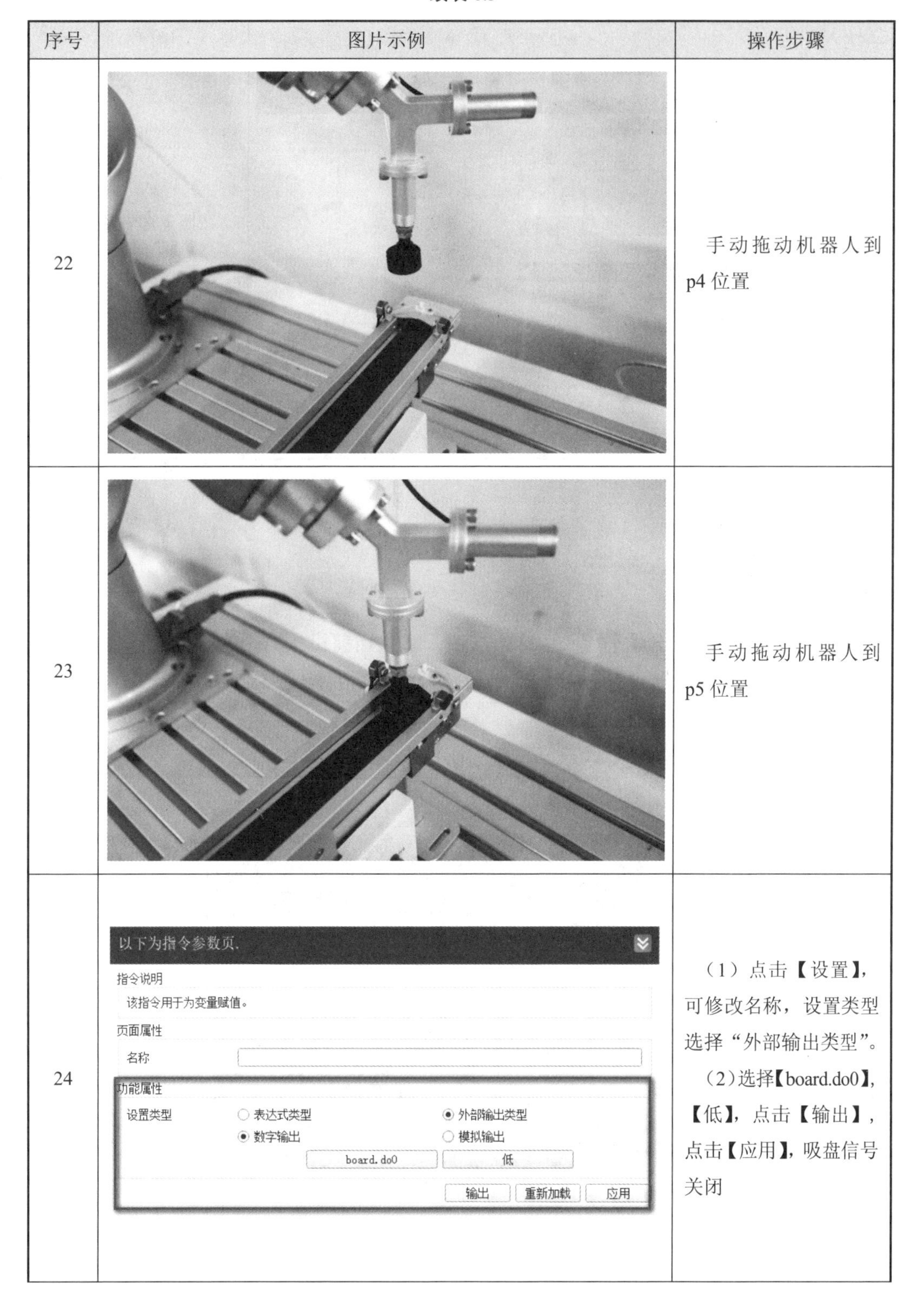

序号	图片示例	操作步骤
22		手动拖动机器人到 p4 位置
23		手动拖动机器人到 p5 位置
24		（1）点击【设置】，可修改名称，设置类型选择“外部输出类型”。 （2）选择【board.do0】，【低】，点击【输出】，点击【应用】，吸盘信号关闭

续表 6.3

序号	图片示例	操作步骤
25	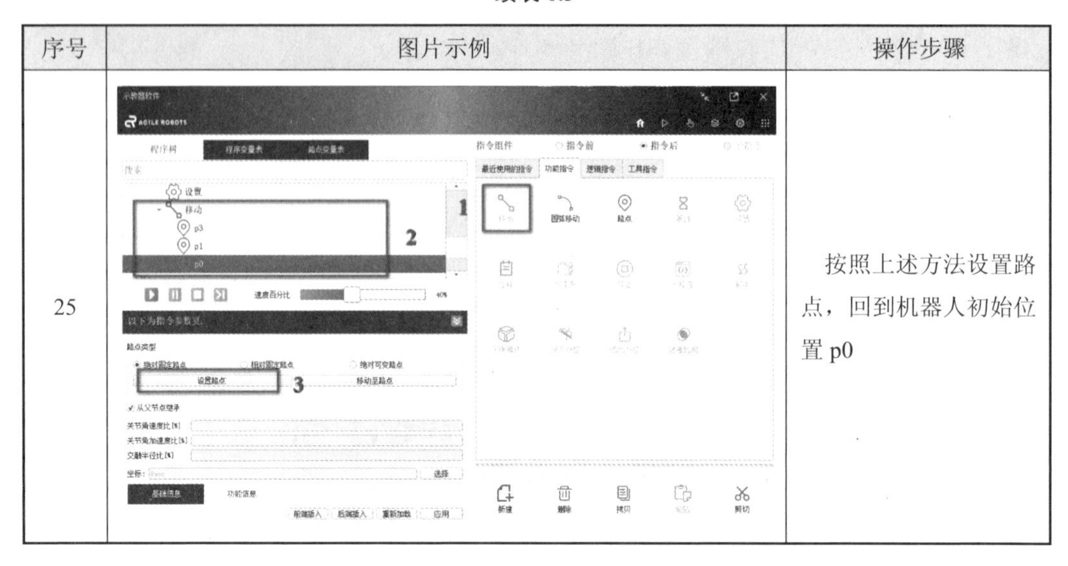	按照上述方法设置路点，回到机器人初始位置 p0

6.4.4　关联程序设计

本项目无需关联程序设计。

6.4.5　项目程序调试

选择相应程序，点击【▶】(运行）按钮，如果当前机械臂不在第一个路点的位置，系统弹出的移动至初始路点提示框。程序调试界面如图 6.11 所示。

图 6.11　程序调试界面

6.4.6　项目总体运行

程序运行：机器人移动至初始点后，调整速度百分比，然后点击运行。程序运行过程中可以停止或者暂停，暂停之后点击恢复可以继续运行。

当勾选循环执行时，若执行顺序到达该程序的最后一条指令且该指令执行完毕，则重新运行完整的该程序。程序运行界面如图 6.12 所示。

图 6.12　程序运行界面

6.5　项目验证

6.5.1　效果验证

项目完成之后，对项目进行整体运行，效果应如图 6.13 所示。圆饼工件从皮带一端被输送至另一端，当皮带端部的光电传感器感应到物料时即时反馈给上层，机器人收到反馈并抓取工件将其放至指定工位，做线性循环运动。

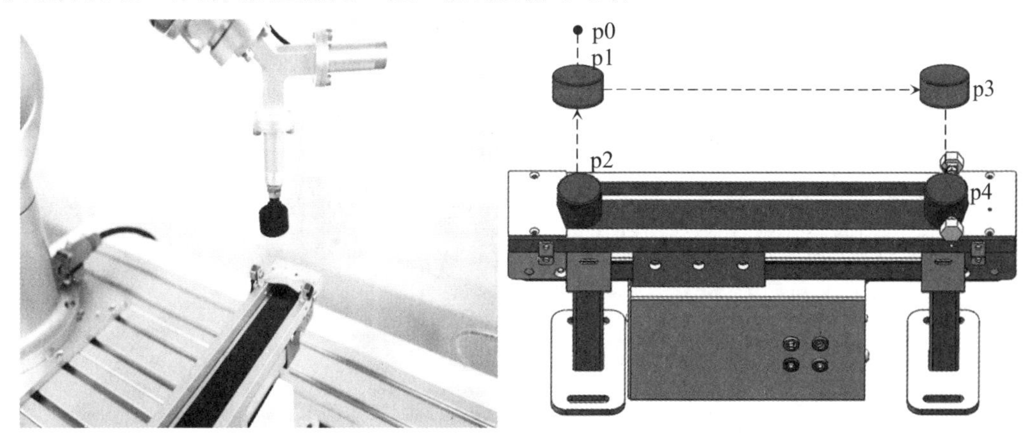

图 6.13　效果验证

6.5.2 数据验证

程序编写完成后，在指令参数页的“功能信息”选项卡下，持续按【移动至路点】，可查看每一点的位姿数据，通过点位信息也可验证程序的可行性，如图 6.14 所示。

图 6.14 数据验证

6.6 项目总结

6.6.1 项目评价

本项目主要讲解利用输送带模块模拟工业现场流水线作业，通过本项目的学习，可了解或掌握以下内容：

（1）了解物料输送模块项目的应用场景及项目意义。

（2）掌握机器人的动作流程。

（3）掌握通用数字输入/输出的配置。

（4）掌握根据动作流程编写、调试及运行程序的方法。

6.6.2 项目拓展

通过本项目的学习，可以对项目进行以下拓展：

将输送带模块与搬运模块结合，通过光电传感器检测到信号之后，机器人将输送带上的物料搬运到搬运模块配合使用的位置上。

第 7 章　码垛搬运项目应用

7.1　项目概况

7.1.1　项目背景

产品的包装和码垛属于拾取和放置类别中的一个子类。产品离开工厂车间之前需要为运输做适当准备，包括包装、箱体装配和装载、箱体整理、放置托盘准备发运。这种类型的工作重复率高，且包含一些小型负载，十分适合用力控机器人取代人工作业。

※ 码垛搬运项目目的

本项目模拟机器人搬运、码垛生产线的应用，图 7.1 所示为物料搬运应用。通过搬运模块的训练，可熟悉思灵机器人搬运项目的程序编写及 I/O 信号的配置。

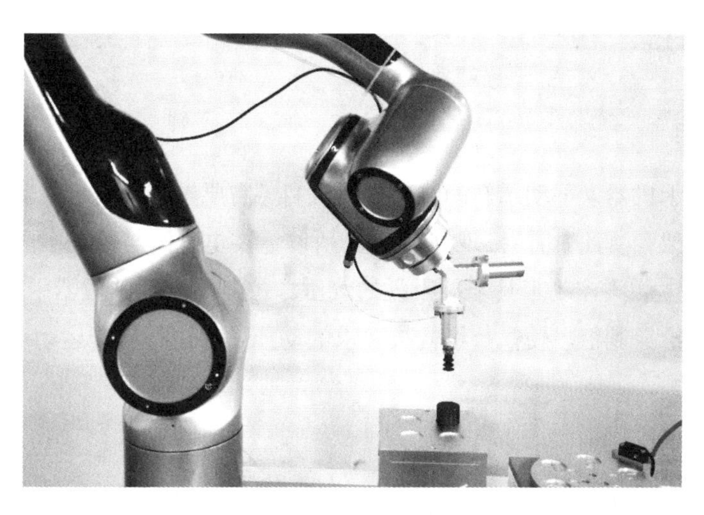

图 7.1　物料搬运应用

7.1.2　项目需求

本项目为基于手动示教的物料搬运项目，通过综合功能模块及吸盘工具的使用，利用吸盘工具在综合功能模块上将圆饼搬至物料输送带模块上，检测到物料后再将圆饼搬至综合功能模块上的另一工位。项目需求实物图如图 7.2 所示。

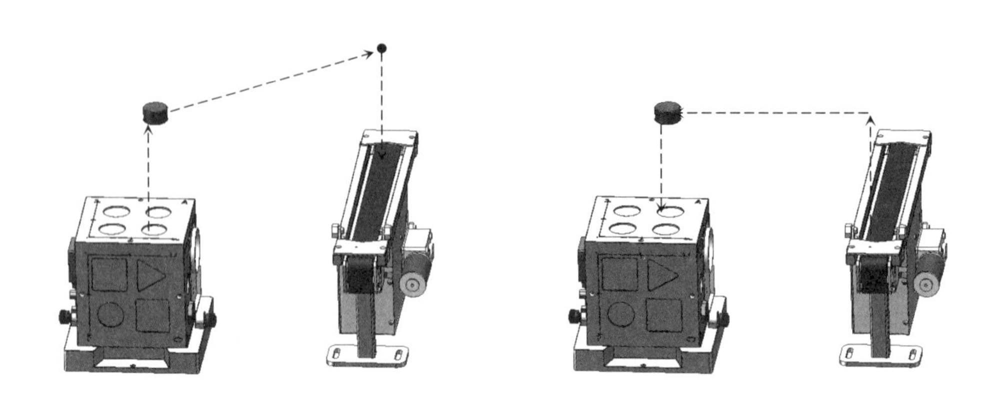

图 7.2　项目需求实物图

7.1.3　项目目的

在本项目的学习训练中需实现以下目的：

（1）熟悉了解码垛、搬运项目的应用场景及项目意义。

（2）熟悉搬运动作的流程及路径规划。

（3）掌握机器人 I/O 的配置。

（4）掌握机器人的编程、调试及运行。

7.2　项目分析

7.2.1　项目构架

本项目为基于机器人手动示教的物料搬运项目，需要操作者用示教器进行手动示教。本项目的整体构架：项目中需用到吸盘工具，所以需要电磁阀与控制柜内部的 IO 板进行电缆连接，驱动电磁阀控制工具末端吸盘的气压。控制系统从示教器中检出相应信息，将指令信号反馈给控制柜，使执行机构按要求的动作顺序进行轨迹运动。

7.2.2　项目流程

搬运项目实施过程需要按照以下流程：

（1）对项目进行分析，可知此项目在搬运模块上实现码垛搬运操作。

（2）搭建机器人系统。

（3）完成硬件连接并进行码垛搬运路径规划，组装电磁阀，驱动电磁阀控制工具末端吸盘的气压。

（4）创建程序，编写程序，调试检查程序，确认无误后运行程序，观察程序运行结果。

基于手动示教的码垛搬运项目流程如图 7.3 所示。

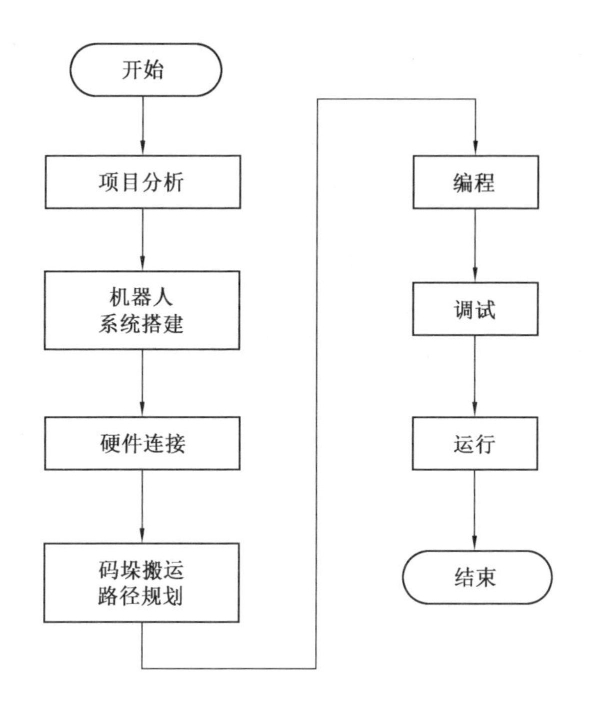

图 7.3　基于手动示教的码垛搬运项目流程

7.3　项目要点

7.3.1　子程序调用

子程序指令如图 7.4 所示，可以根据选择的位置和当时插入一个子程序。

※ 码垛搬运项目要点

调用子程序时将运行子程序中的程序行，运行完子程序中的程序行后再返回到程序的下一行继续运行。

当选用同步调用时，该程序的执行顺序为：等待该同步子程序执行完成后再进入该程序的下一条指令。

当选用异步调用时，该程序的执行顺序为：进入该异步程序的同时执行下一条指令。

7.3.2　条件延时

包含外部输入和表达式为真两种条件。外部输入有数字输入和模拟输入两种，根据实际输入情况进行配置；满足条件时程序运行到此处就等待。

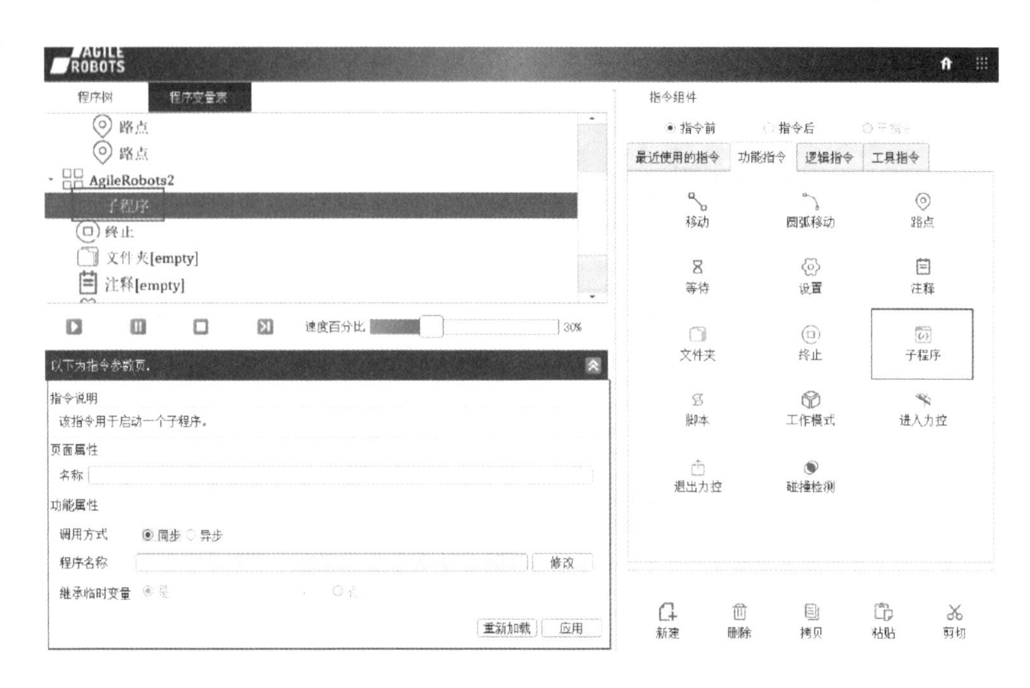

图 7.4　子程序指令

7.4　项目步骤

※ 码垛搬运项目步骤

7.4.1　应用系统连接

应用系统连接如图 7.5 所示。

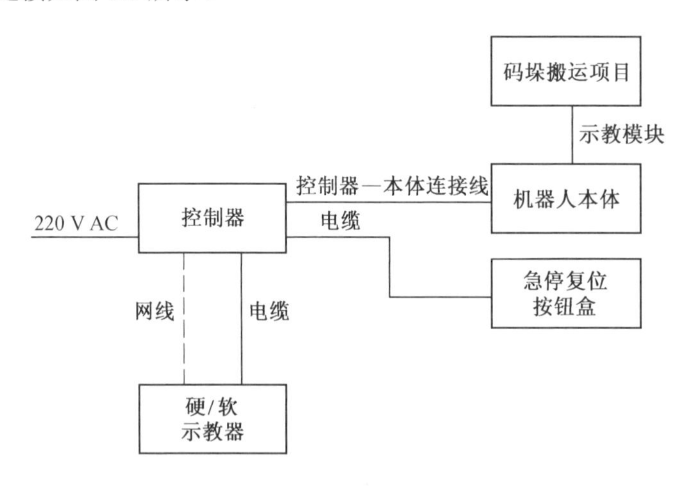

图 7.5　应用系统连接

7.4.2　应用系统配置

在完成应用系统连接后，需新建程序，进行应用系统配置的操作步骤见表 7.1。

表 7.1　新建程序的操作步骤

序号	图片示例	操作步骤
1	 TeachPendantUI	双击桌面图标“TeachPendantUI”，打开软件主界面
2	 重启机器人服务 登录 Switch to English 关于	打开示教器软件，选择主菜单的“登录”
3	 编程 · 程序树 · 参数 · 结构 · 变量 … 点击进入	通过示教器的“编程”图标进入编程界面
4	 以下为指令参数页. 一般属性 程序名称 AgileRobots4 功能属性 循环执行 运行 重新加载 应用	通过新建指令新增一个程序“AgileRobots4”，该程序作为程序树的一个树干存在

7.4.3 主体程序设计

主体程序设计的操作步骤见表 7.2。

表 7.2 主体程序设计的操作步骤

序号	图片示例	操作步骤
1	 程序树 程序变量表 路点变量表 搜索 AgileRobots1 AgileRobots2 AgileRobots3 AgileRobots4 移动 速度百分比 12% 以下为指令参数页. 指令说明 该指令用于控制机器人运动方式，并设置对应参数和路点信息。 页面属性 名称 功能属性 移动类型 MoveJ MoveL MoveP 关节速度[%] 20 关节加速度[%] 20 交融半径[%] 0 增加路点 重新加载 应用	点击【移动】，指令参数页可设置名称、移动类型、关节速度、关节加速度和交融半径。设置完相关参数后，点击【应用】
2	 程序树 程序变量表 路点变量表 搜索 AgileRobots2 AgileRobots3 AgileRobots4 移动 p0 速度百分比 12% 以下为指令参数页. 路点类型 绝对固定路点 相对固定路点 绝对可变路点 设置路点 移动至路点 从父节点继承 关节角速度比[%] 关节角加速度比[%] 交融半径比[%] 坐标：Base 选择 基础信息 功能信息 前端插入 后端插入 重新加载 应用	点击【路点】设置 p0，拖动示教机器人至安全位置

续表 7.2

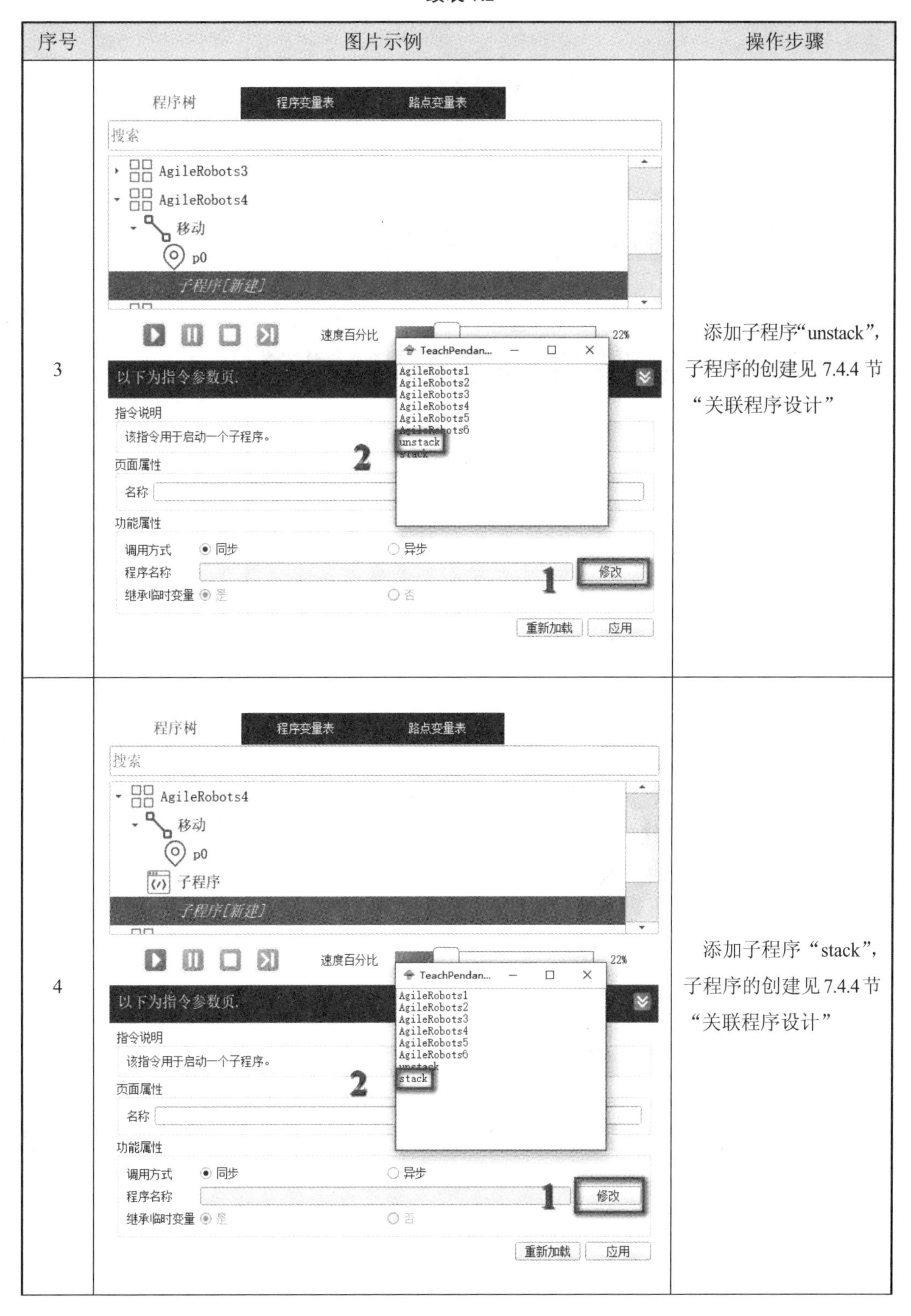

序号	图片示例	操作步骤
3		添加子程序“unstack”，子程序的创建见 7.4.4 节“关联程序设计”
4		添加子程序“stack”，子程序的创建见 7.4.4 节“关联程序设计”

续表 7.2

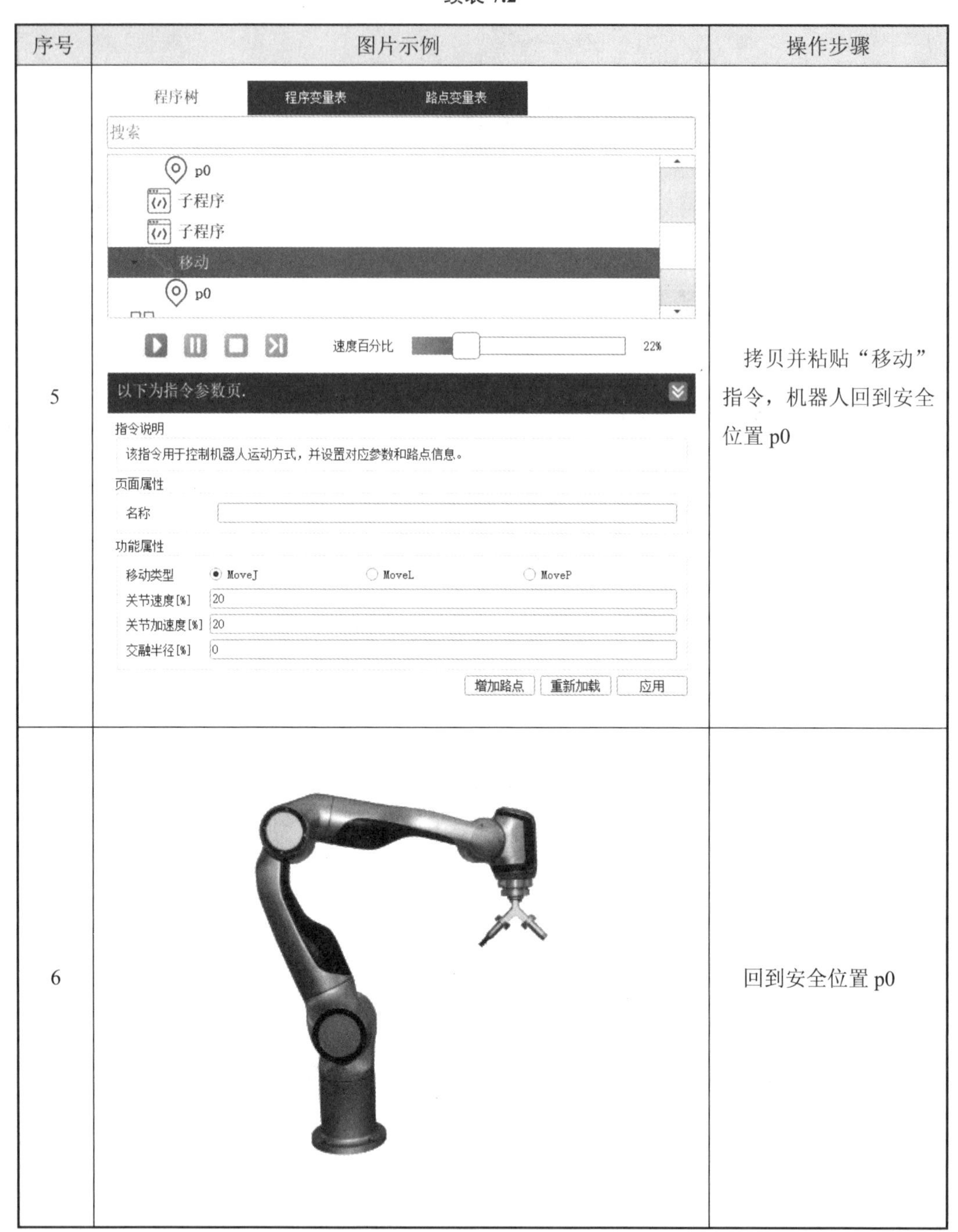

序号	图片示例	操作步骤
5		拷贝并粘贴“移动”指令，机器人回到安全位置 p0
6		回到安全位置 p0

7.4.4　关联程序设计

关联程序设计 1：将综合功能模块上的物料搬运到物料输送模块上，操作步骤见表 7.3。

表 7.3　关联程序设计 1

序号	图片示例	操作步骤
1	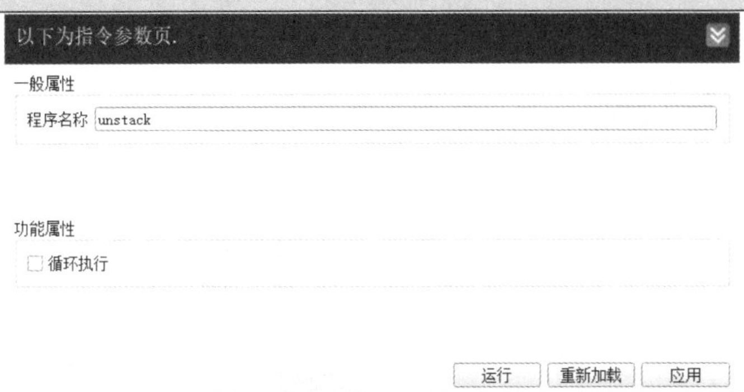	添加子程序，创建一个抓取程序，程序名称为“unstack”
2	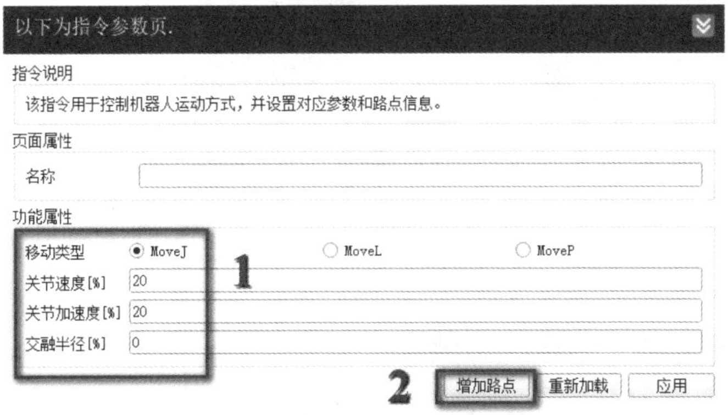	点击【移动】，指令参数页可设置名称、移动类型、关节速度、关节加速度和交融半径，填完相关信息后点击【增加路点】
3		增加路点 p1，切换至“功能信息”选项卡，点击【设置路点】

续表 7.3

序号	图片示例	操作步骤
4	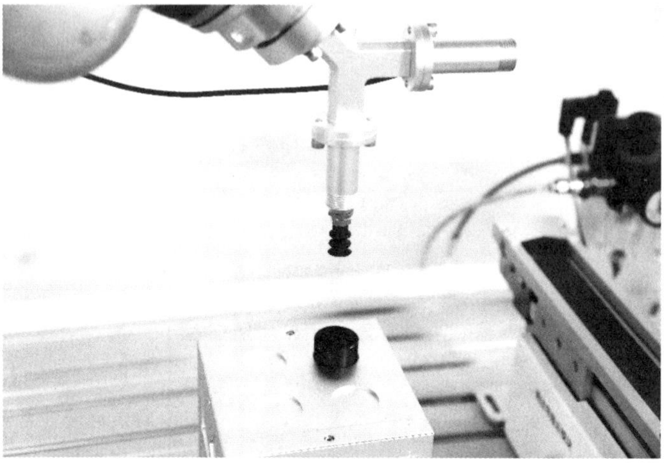	抓取点上方 p1 点如左图所示
5		增加路点 p2，切换至“功能信息”选项卡，点击【设置路点】

续表 7.3

序号	图片示例	操作步骤
6		抓取点 p2 如左图所示
7		点击【设置】，选择【board.do0】和【高】，点击【输出】，再点击【应用】，吸盘信号打开
8		拖动机器人移动至抓取点上方 p3

续表 7.3

序号	图片示例	操作步骤
9	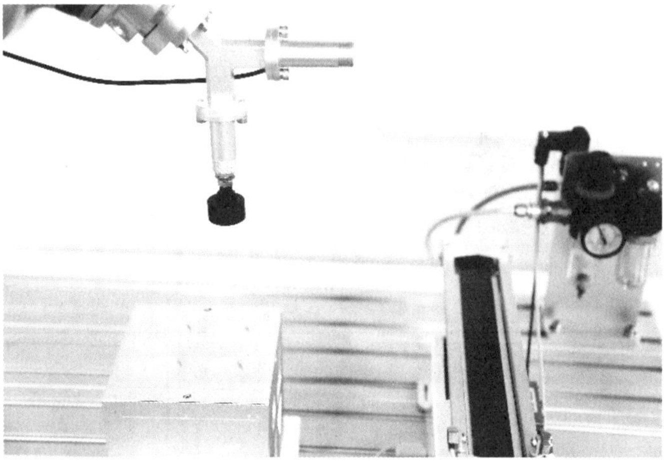	拖动机器人移动至左图所示位置（p4 过渡点）
10		按左图设置路点 p5，并拖动机器人示教至搬运点上方 p5

续表 7.3

序号	图片示例	操作步骤
11	程序树 程序变量表 路点变量表 搜索 移动 p3 p4 p5 p6 速度百分比 22% 以下为指令参数页. 指令说明 该指令用于定义一个路点。 一般属性 名称 p6 基础信息 功能信息 前端插入 后端插入 重新加载 应用	按左图设置路点 p6，并拖动机器人示教至搬运点 p6
12	以下为指令参数页. 指令说明 该指令用于为变量赋值。 页面属性 名称 功能属性 设置类型 表达式类型 外部输出类型 数字输出 模拟输出 board.do0 低 输出 重新加载 应用	点击【设置】，选择【board.do0】和【低】，点击【输出】，再点击【应用】，吸盘信号关闭

续表 7.3

序号	图片示例	操作步骤
13	 程序树 程序变量表 路点变量表 搜索 p5 p6 设置 移动[新建] p7 速度百分比 22% 以下为指令参数页. 指令说明 该指令用于定义一个路点。 一般属性 名称 p7 基础信息 功能信息 前端插入 后端插入 重新加载 应用	按左图设置路点 p7，并拖动机器人示教至 p7 搬运点

关联程序设计 2：将输送带检测到的物料搬运到另一工位，操作步骤见表 7.4。

表 7.4 关联程序设计 2

序号	图片示例	操作步骤
1	 以下为指令参数页. 一般属性 程序名称 stack 功能属性 循环执行 运行 重新加载 应用	添加子程序，创建一个抓取程序，程序名称为“stack”

续表 7.4

序号	图片示例	操作步骤
2		点击移动指令，设置路点，机器人示教至 p1 抓取点上方
3	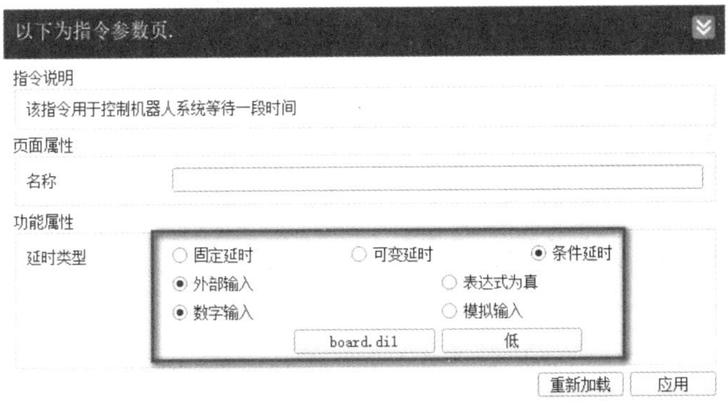	点击【等待】，延时类型选择“条件延时”“外部输入”“数字输入”，输送带检测到信号，机器人开始移动
4	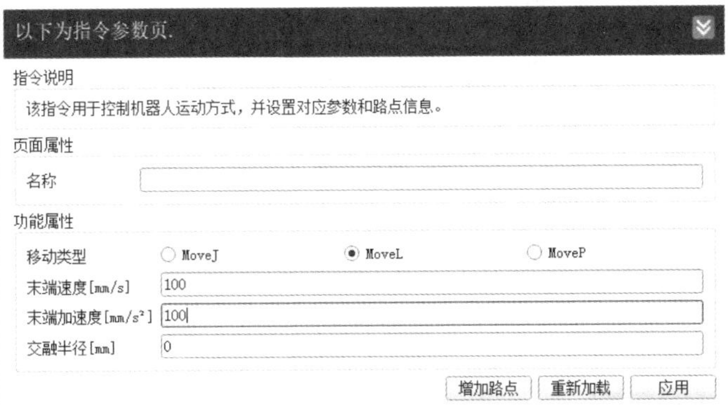	设置路点 p2 抓取点

续表 7.4

序号	图片示例	操作步骤
5	以下为指令参数页. 指令说明 该指令用于为变量赋值。 页面属性 名称 功能属性 设置类型 ○表达式类型 ◉外部输出类型 ◉数字输出 ○模拟输出 board.do0 高 输出 重新加载 应用	点击【设置】，选择【board.do0】和【高】，点击【输出】，再点击【应用】，吸盘信号打开
6	以下为指令参数页. 指令说明 该指令用于定义一个路点。 一般属性 名称 p3 基础信息 功能信息 前端插入 后端插入 重新加载 应用	新建路点 p3，拖动机器人至抓取点上方
7	程序树 程序变量表 路点变量表 搜索 p2 设置 移动 p3 p4 速度百分比 22% 以下为指令参数页. 指令说明 该指令用于定义一个路点。 一般属性 名称 p4 基础信息 功能信息 前端插入 后端插入 重新加载 应用	新建路点 p4（过渡点）

续表 7.4

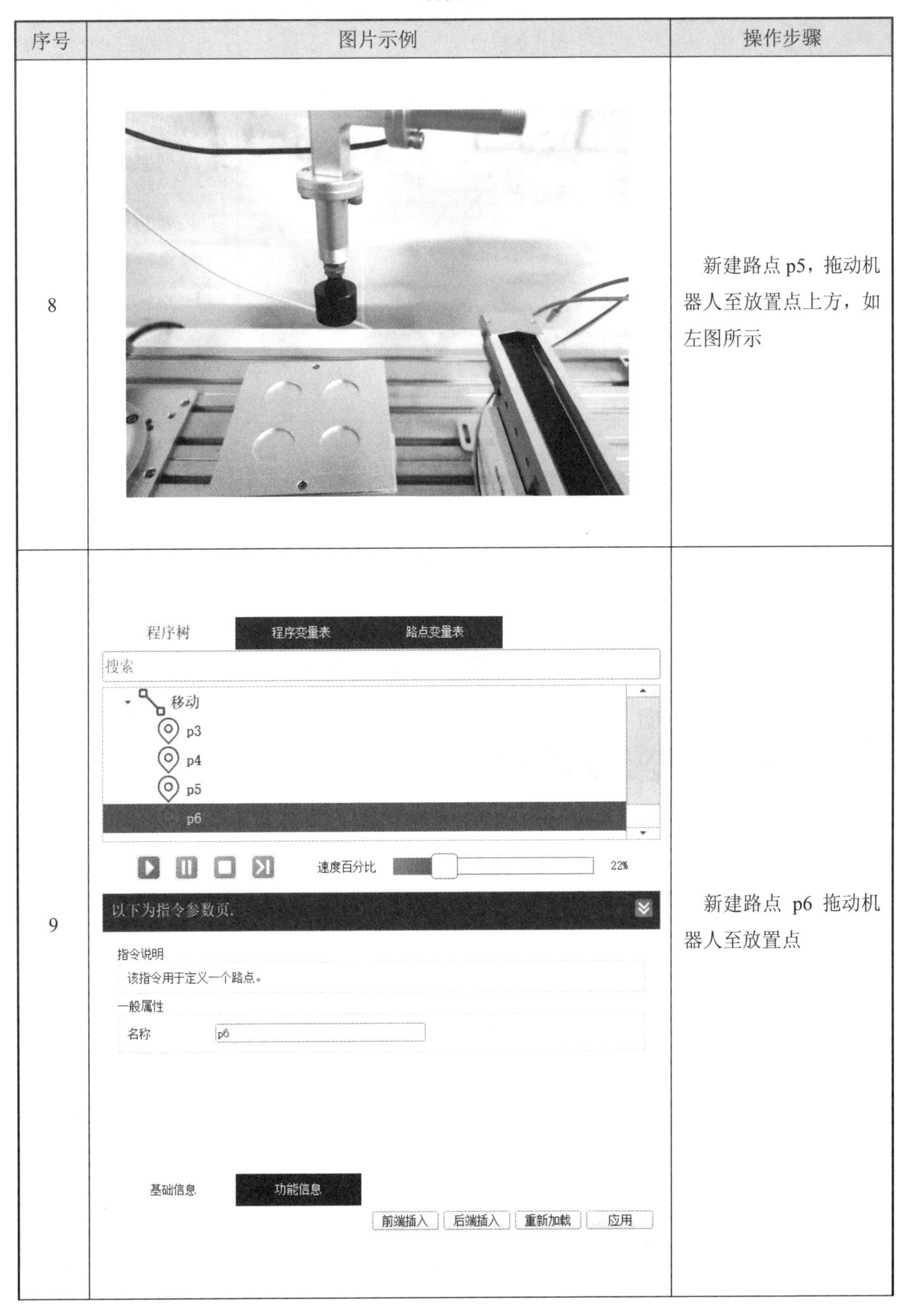

序号	图片示例	操作步骤
8		新建路点 p5，拖动机器人至放置点上方，如左图所示
9		新建路点 p6 拖动机器人至放置点

续表 7.4

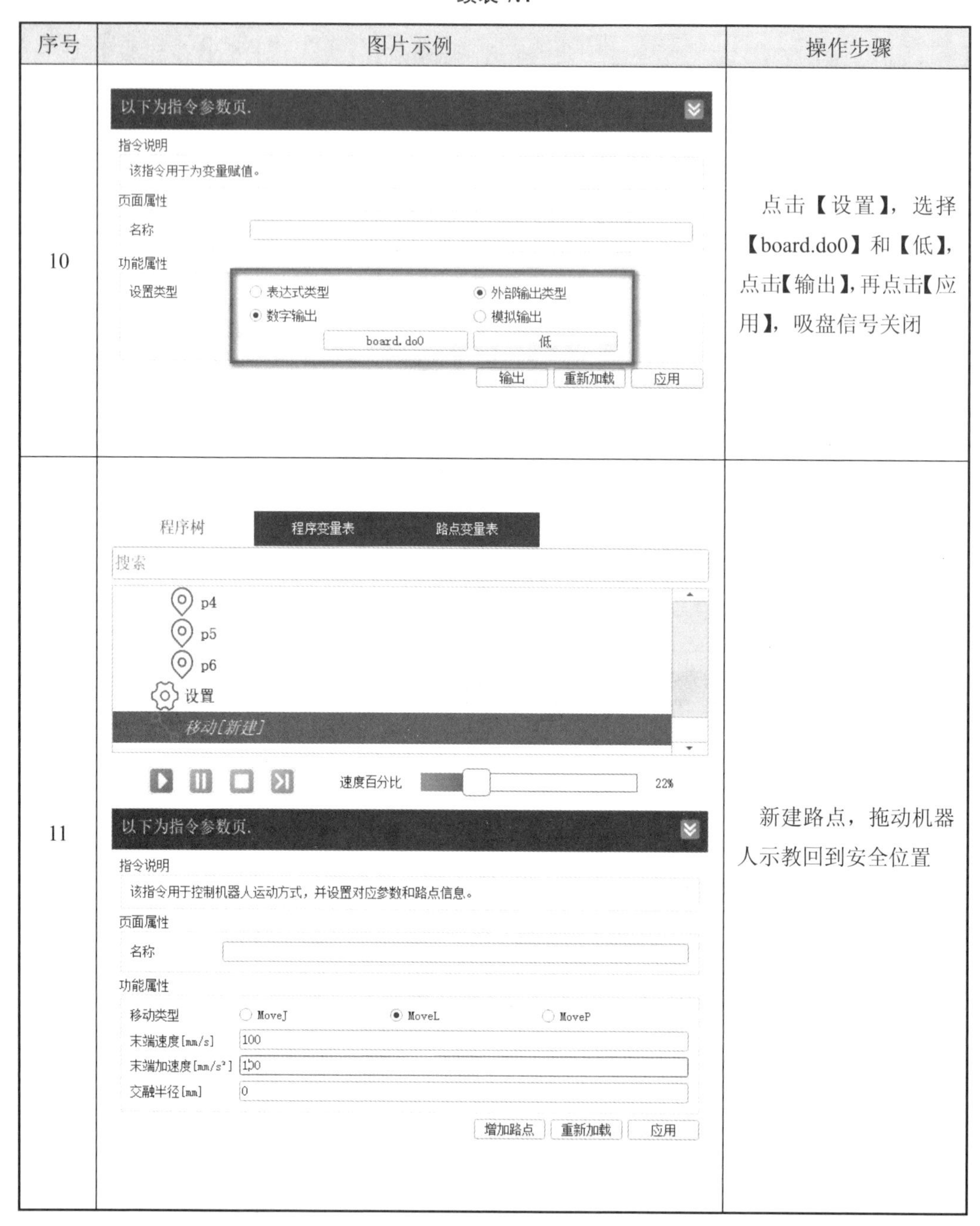

序号	图片示例	操作步骤
10		点击【设置】，选择【board.do0】和【低】，点击【输出】，再点击【应用】，吸盘信号关闭
11		新建路点，拖动机器人示教回到安全位置

7.4.5 项目程序调试

选择相应程序，点击【▶】（运行）按钮，如果当前机械臂不在第一个路点的位置，系统弹出的移动至初始路点的提示框。程序调试界面如图 7.6 所示。

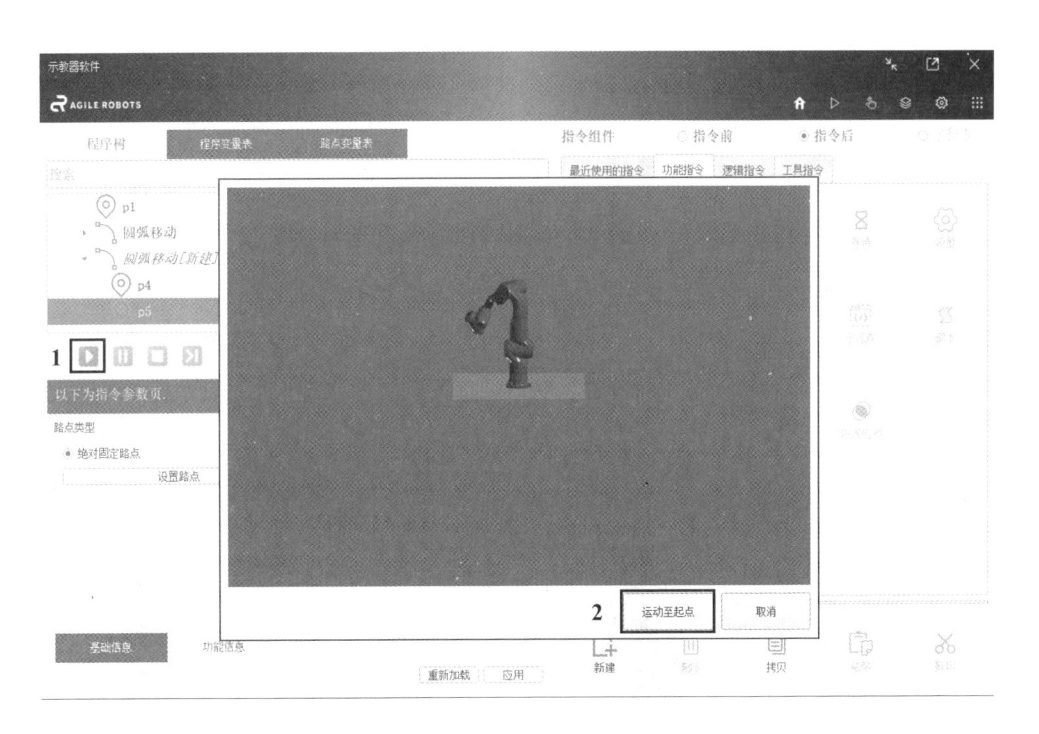

图 7.6　程序调试界面

7.4.6　项目总体运行

程序运行：机器人移动至初始点后，调整速度百分比，然后点击运行。程序运行过程中可以停止或者暂停，暂停之后点击恢复可以继续运行。

当勾选循环执行时，若执行顺序到达该程序的最后一条指令且该指令执行完毕，则重新运行完整的该程序。程序运行界面如图 7.7 所示。

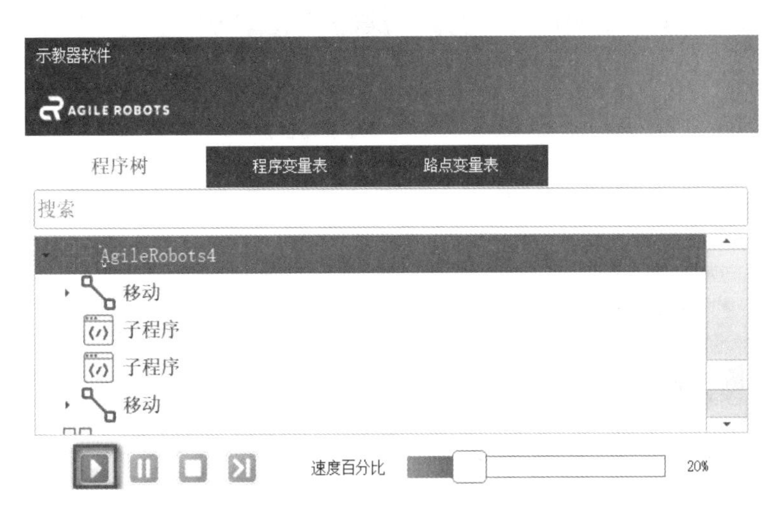

图 7.7　程序运行界面

7.5 项目验证

7.5.1 效果验证

项目完成后，得到的效果应如图 7.8 所示。利用吸盘工具，在综合功能模块上将圆饼搬至物料输送带模块上，检测到物料后再将圆饼搬至综合功能模块上的另一工位，最后回到起始点。

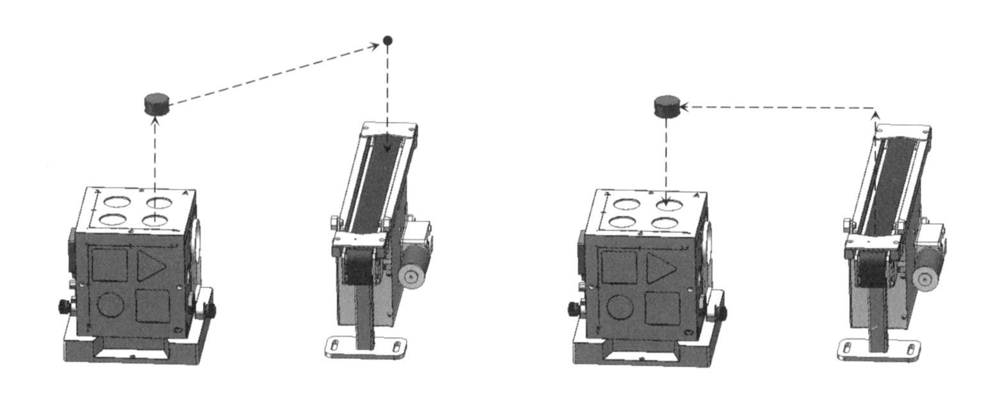

图 7.8 效果验证

7.5.2 数据验证

程序编写完成后，在指令参数页的“功能信息”选项卡下，持续按【移动至路点】，可查看每一点的位姿数据，通过点位信息也可验证程序的可行性，如图 7.9 所示。

以下为指令参数页.

路点类型

绝对固定路点 相对固定路点 绝对可变路点

设置路点 移动至路点 2

从父节点继承

关节角速度比[%]

关节角加速度比[%]

交融半径比[%]

坐标： Base 选择

基础信息 功能信息 1

前端插入 后端插入 重新加载 应用

图 7.9 数据验证

7.6　项目总结

7.6.1　项目评价

本项目主要讲解利用综合功能模块和物料输送模块模拟工业现场流水线作业，通过本项目的学习，可了解或掌握以下内容：

（1）了解码垛搬运项目的应用场景及项目意义。

（2）掌握机器人的动作流程。

（3）学会数字 I/O 的配置。

7.6.2　项目拓展

通过本项目的学习，可以对项目进行以下的拓展：

通过循环指令重复综合功能模块和物料输送模块的搬运流水线项目。

第 8 章　轴承装配项目应用

8.1　项目概况

※ 轴承装配项目目的

8.1.1　项目背景

在目前的工业界（诸如生产机械臂装配）几乎都在使用着传统的位置控制，比较典型的就是：机器人沿着事先规划好的轨迹在封闭、确认的空间中运动。或者有些时候，机器人得到从视觉系统（Vision System）的反馈，这样就能使得位置控制的机器人具备一定适应外界可变环境的能力。

但是在某些应用场合中——更加精确地控制施加在末端执行器（End-effector）的力比控制末端执行器的位置更加重要时，力控就必须得到引入，即：单将关节目标位置（Target Position）作为控制输出量远远不能达到应用的要求，必须引入力矩/力控制输出量，或者将力矩/力作为闭环反馈量引入控制。相关研究表明目前机器人力控制最热的方向，应用领域包括机械臂、康复机器人、足式机器人等。轴承装配项目实例，如图 8.1 所示。

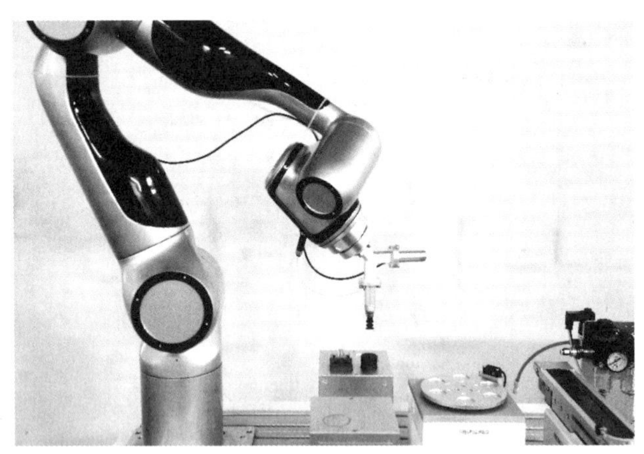

图 8.1　轴承装配项目实例

8.1.2　项目需求

机器人在进行装配、抓放物体等工作时，除了要求准确定位之外，还要求所使用的力或力矩必须合适，这时必须要使用力（力矩）伺服控制方式。这种控制方式的原理与位置伺服控制方向的原理基本相同，只不过输入量和反馈量不是位置信号，而是力（力矩）信号，所以该系统中必须有力（力矩）传感器。有时也利用接近、滑动等传感功能进行自适应式控制。

机器人在完成一些与环境存在力作用的任务时，比如打磨、装配，单纯的位置控制会由于位置误差而引起过大的作用力，从而伤害零件或机器人。机器人在这类运动受限环境中运动时，往往需要配合力控制来使用。

位置控制下，机器人会严格按照预先设定的位置轨迹进行运动。若机器人运动过程中遇到了障碍物的阻拦，则会导致机器人的位置追踪误差变大，此时机器人会努力地“出力”去追踪预设轨迹，最终导致机器人与障碍物间巨大的内力。而在力控制下，以控制机器人与障碍物间的作用力为目标。当机器人运动过程中遇到障碍物时，会智能地调整预设位置轨迹，从而消除内力。

8.1.3　项目目的

在本项目的学习训练中需实现以下目的：

（1）掌握机器人 I/O 的控制方法。

（2）学会运用机器人的力控指令。

（3）熟练掌握机器人程序编程操作。

8.2　项目分析

8.2.1　项目构架

此项目搭配综合功能模块（图 8.2），为结合力控机器人的力控指令模拟工业上物料装配的项目实例。

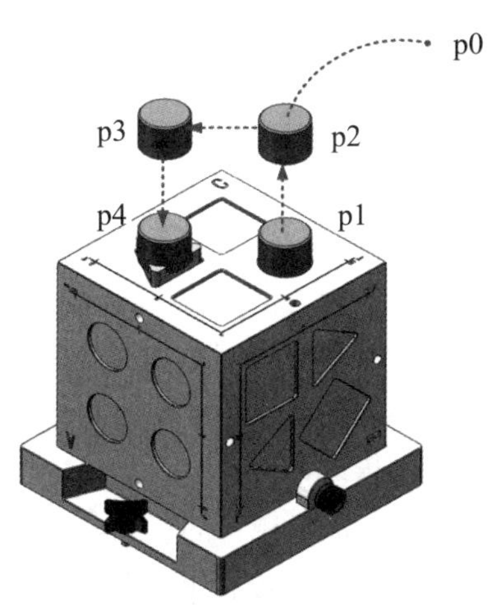

图 8.2　综合功能模块

8.2.2 项目流程

基于轴承装配的项目实施过程中需要按照以下流程：

（1）对项目进行分析，可知此项目需在综合功能模块，该功能模块六面可自由切换，模拟装配搬运圆饼物料的操作。

（2）搭建机器人系统。

（3）创建程序，编写程序，调试检查程序，确认无误后运行程序，观察程序运行结果。

轴承装配项目流程如图 8.3 所示。

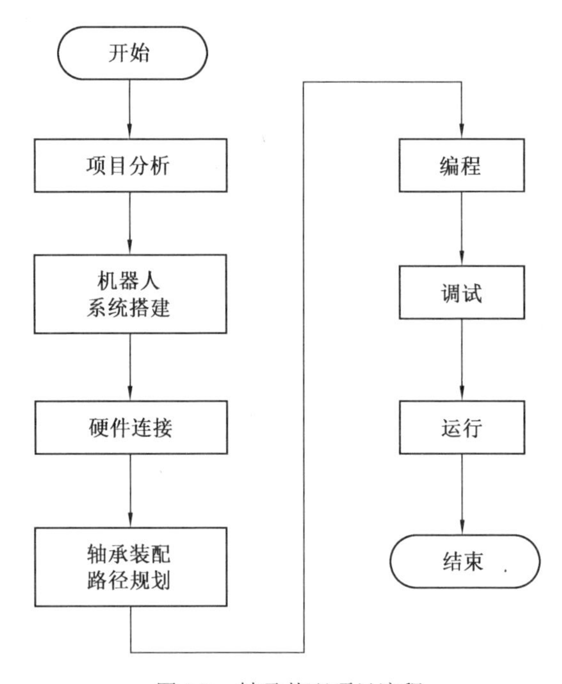

图 8.3　轴承装配项目流程

8.3 项目要点

8.3.1 工作模式

工作模式指令用于改变当前工作模式，如位置模式、关节空间阻抗模式和笛卡尔空间阻抗模式。

位置模式下，可以手动操作 Diana 机械臂的移动。

关节空间阻抗模式和笛卡尔空间阻抗模式下，用户可以手动操作 Diana 7 机械臂。此种模式下，用户可以拖动机械

※ 轴承装配项目要点

臂，松开机械臂后，机械臂会弹回至原来位置。工作模式指令如图 8.4 所示。

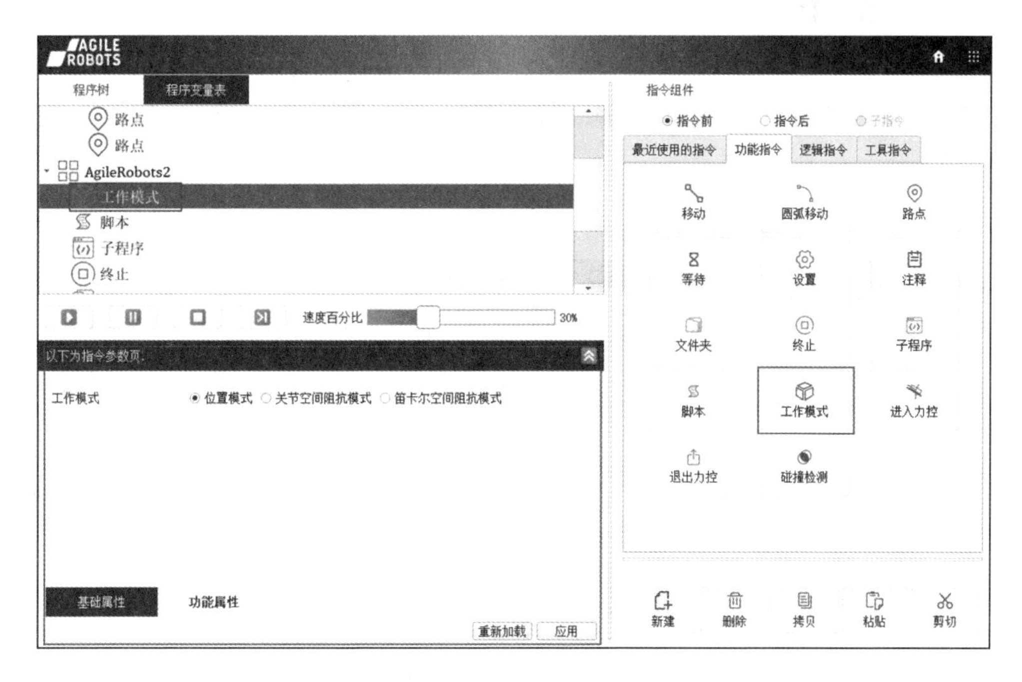

图 8.4　工作模式指令

8.3.2　力控指令

力控指令用于进入力控模式，可以设置相应的参考坐标系、力方向和力大小等运动参数。

参考坐标系类型：决定力方向定义的参考坐标系，目前支持基坐标系和工具坐标系，当工具坐标系未定义时，即为末端坐标系。

力方向：对给定方向施加恒定大小的力。

力值：施加的伺服力的目标值，单位为 N。

最大接近速度：当检测到施力方向力值不等于目标值时，在该方向上跟进或远离运动的最大速度，单位为 mm/s。

最大允许偏移距离：运动过程中偏离力方向的最大直线距离，单位为 mm。

注意：进入力控模式后会自动关闭碰撞检测，后续需要手动开启。

进入力控指令如图 8.5 所示。

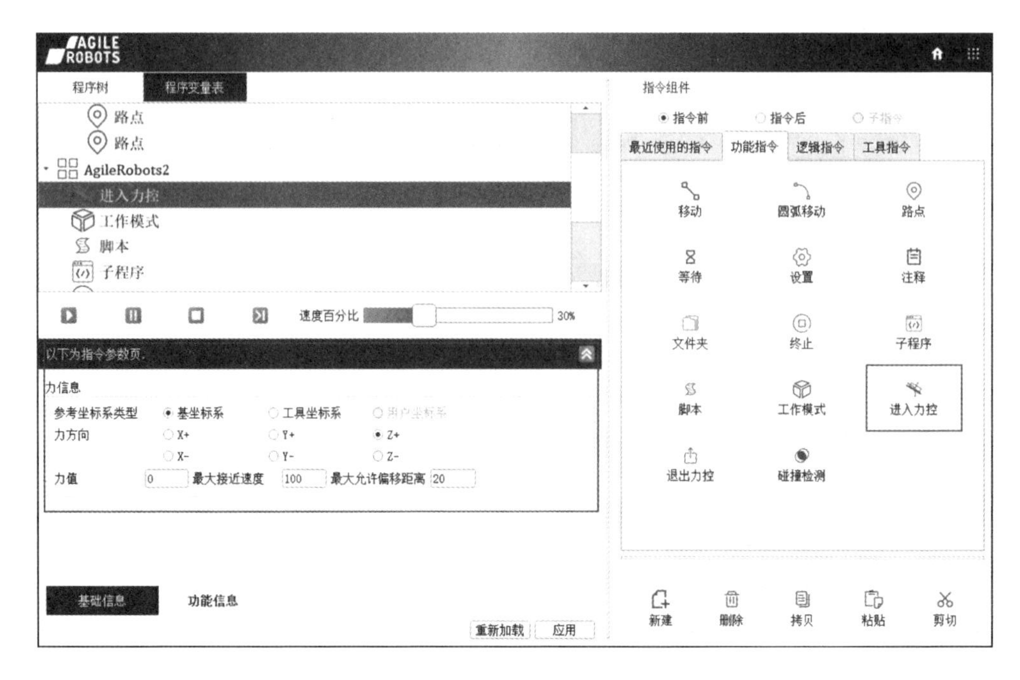

图 8.5　进入力控指令

退出力控指令用于退出力控模式，可以设置退出后进入的模式，如位置模式或阻抗模式。退出力控指令如图 8.6 所示。

图 8.6　退出力控指令

8.3.3　等待指令

等待指令用于在程序执行过程中实现等待功能，可设定固定时间也可通过设定条件表达式进行可变延时或条件延时。

固定延时：程序在设定的固定时间内进行等待，单位为 ms。

可变延时：当条件表达式的条件为真时，程序进行等待。

条件延时：包含外部输入和表达式为真两种条件，外部输入有数字输入和模拟输入两种，根据实际输入情况进行配置；满足条件时程序运行到此处就等待。等待指令如图 8.7 所示。

图 8.7　等待指令

8.4　项目步骤

※ 轴承装配项目步骤

8.4.1　应用系统连接

应用系统连接如图 8.8 所示。

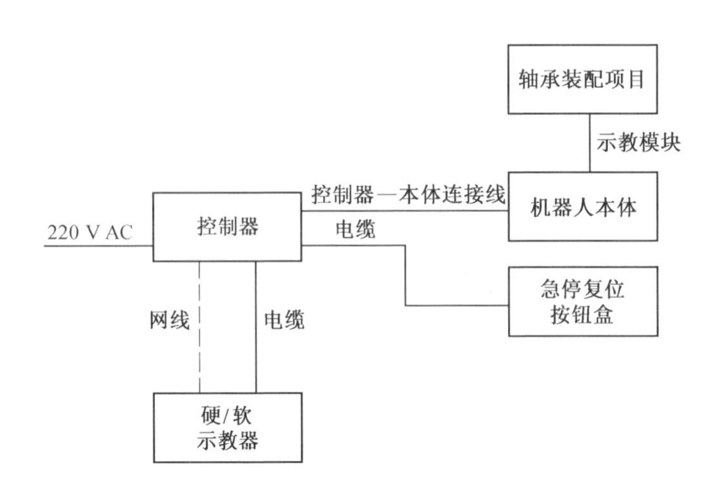

图 8.8　应用系统连接

8.4.2　应用系统配置

在完成应用系统连接后，需新建程序，进行应用系统配置，操作步骤见表 8.1。

表 8.1　新建程序的操作步骤

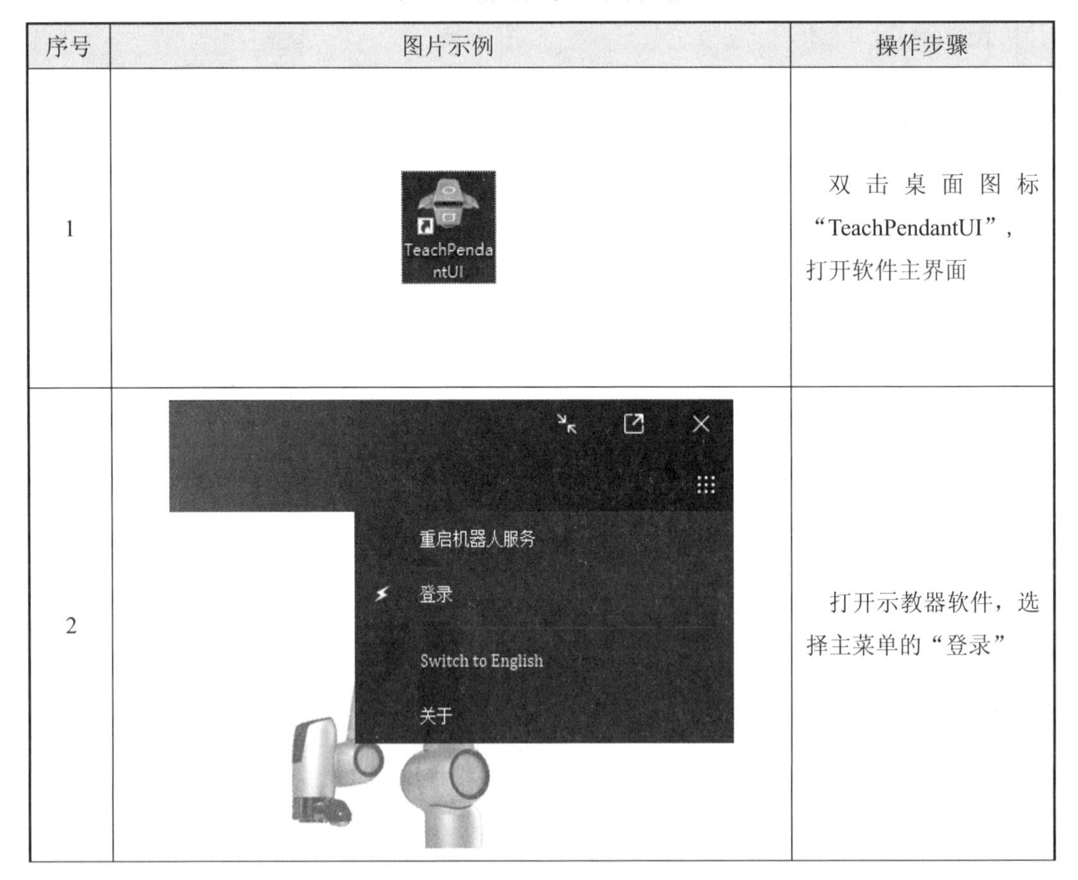

序号	图片示例	操作步骤
1	TeachPendantUI	双击桌面图标“TeachPendantUI”，打开软件主界面
2	重启机器人服务 登录 Switch to English 关于	打开示教器软件，选择主菜单的“登录”

续表 8.1

序号	图片示例	操作步骤
3	 编程 · 程序树 · 参数 · 结构 · 变量 … 点击进入	通过示教器的“编程”图标进入编程界面
4	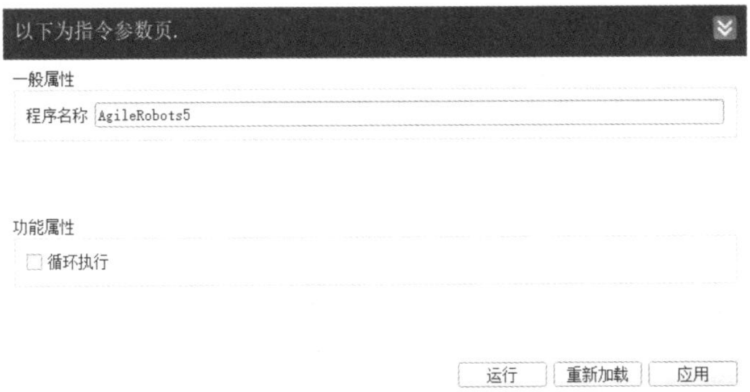 以下为指令参数页. 一般属性 程序名称 AgileRobots5 功能属性 循环执行 运行 重新加载 应用	通过新建指令新增一个程序“AgileRobots5”，该程序作为程序树的一个树干存在

8.4.3　主体程序设计

主体程序设计的操作步骤见表 8.2。

表 8.2　主体程序设计的操作步骤

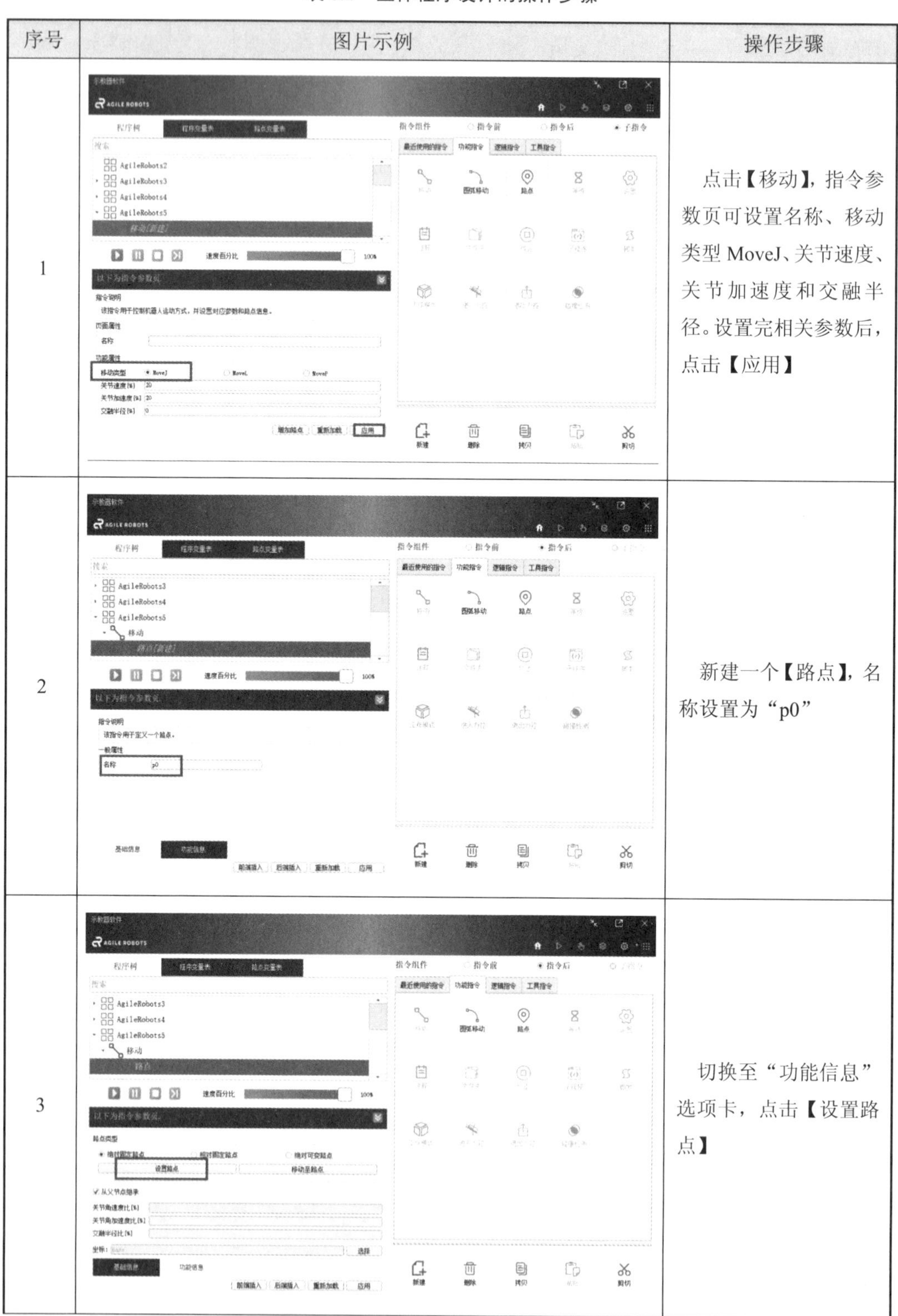

序号	图片示例	操作步骤
1		点击【移动】，指令参数页可设置名称、移动类型 MoveJ、关节速度、关节加速度和交融半径。设置完相关参数后，点击【应用】
2		新建一个【路点】，名称设置为“p0”
3		切换至“功能信息”选项卡，点击【设置路点】

续表 8.2

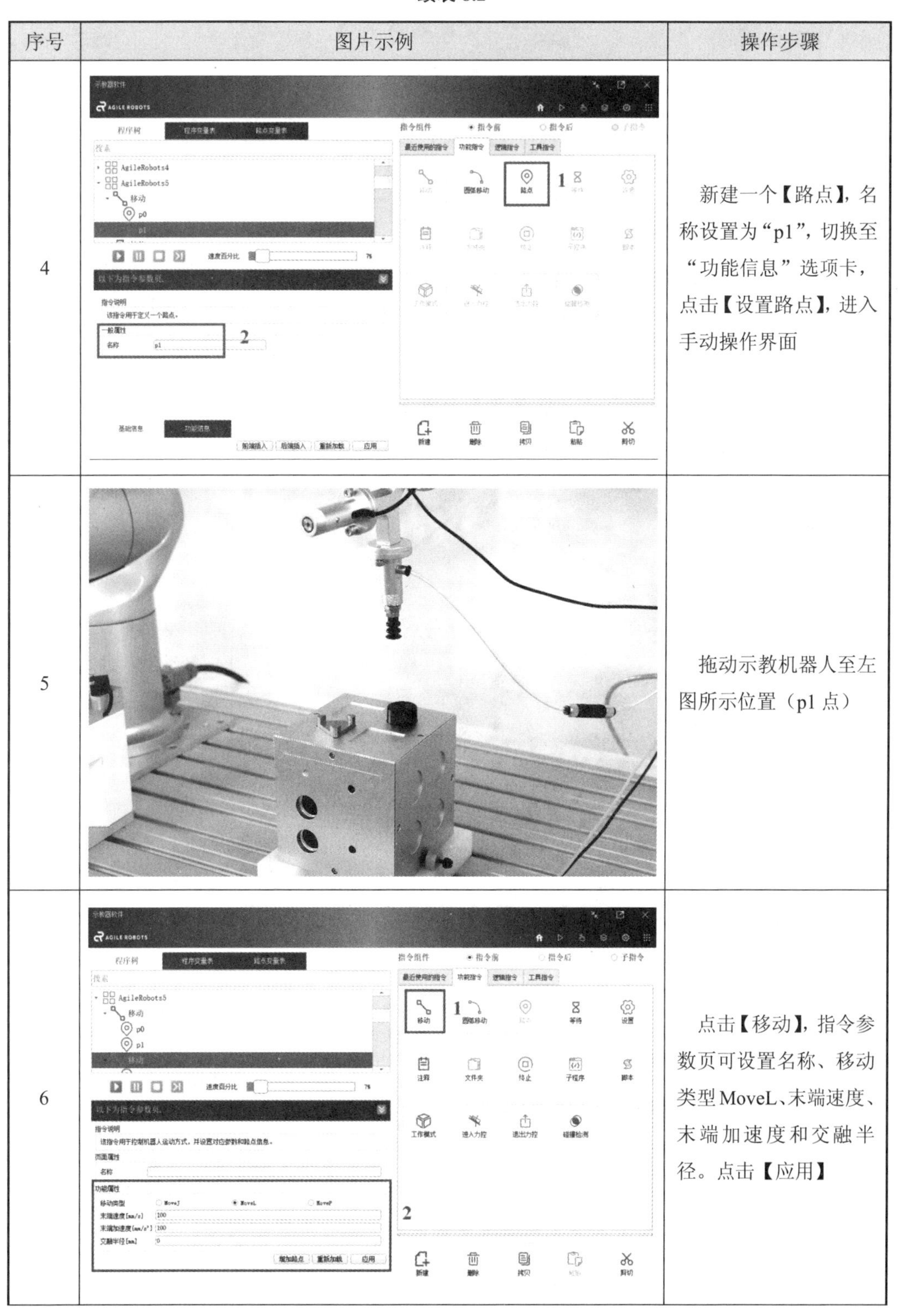

序号	图片示例	操作步骤
4		新建一个【路点】，名称设置为“p1”，切换至“功能信息”选项卡，点击【设置路点】，进入手动操作界面
5		拖动示教机器人至左图所示位置（p1 点）
6		点击【移动】，指令参数页可设置名称、移动类型 MoveL、末端速度、末端加速度和交融半径。点击【应用】

续表 8.2

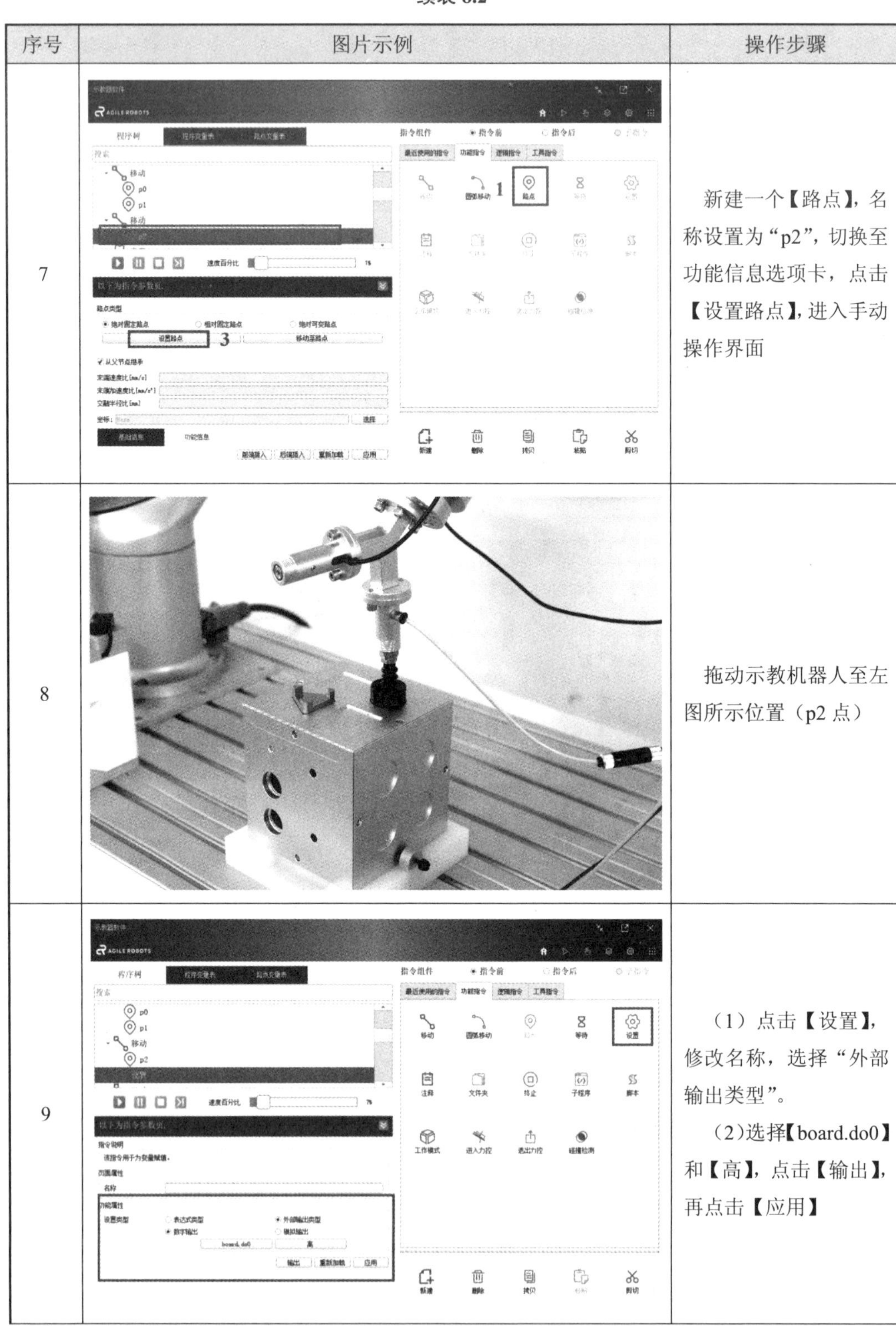

序号	图片示例	操作步骤
7		新建一个【路点】，名称设置为“p2”，切换至功能信息选项卡，点击【设置路点】，进入手动操作界面
8		拖动示教机器人至左图所示位置（p2 点）
9		（1）点击【设置】，修改名称，选择“外部输出类型”。 （2）选择【board.do0】和【高】，点击【输出】，再点击【应用】

续表 8.2

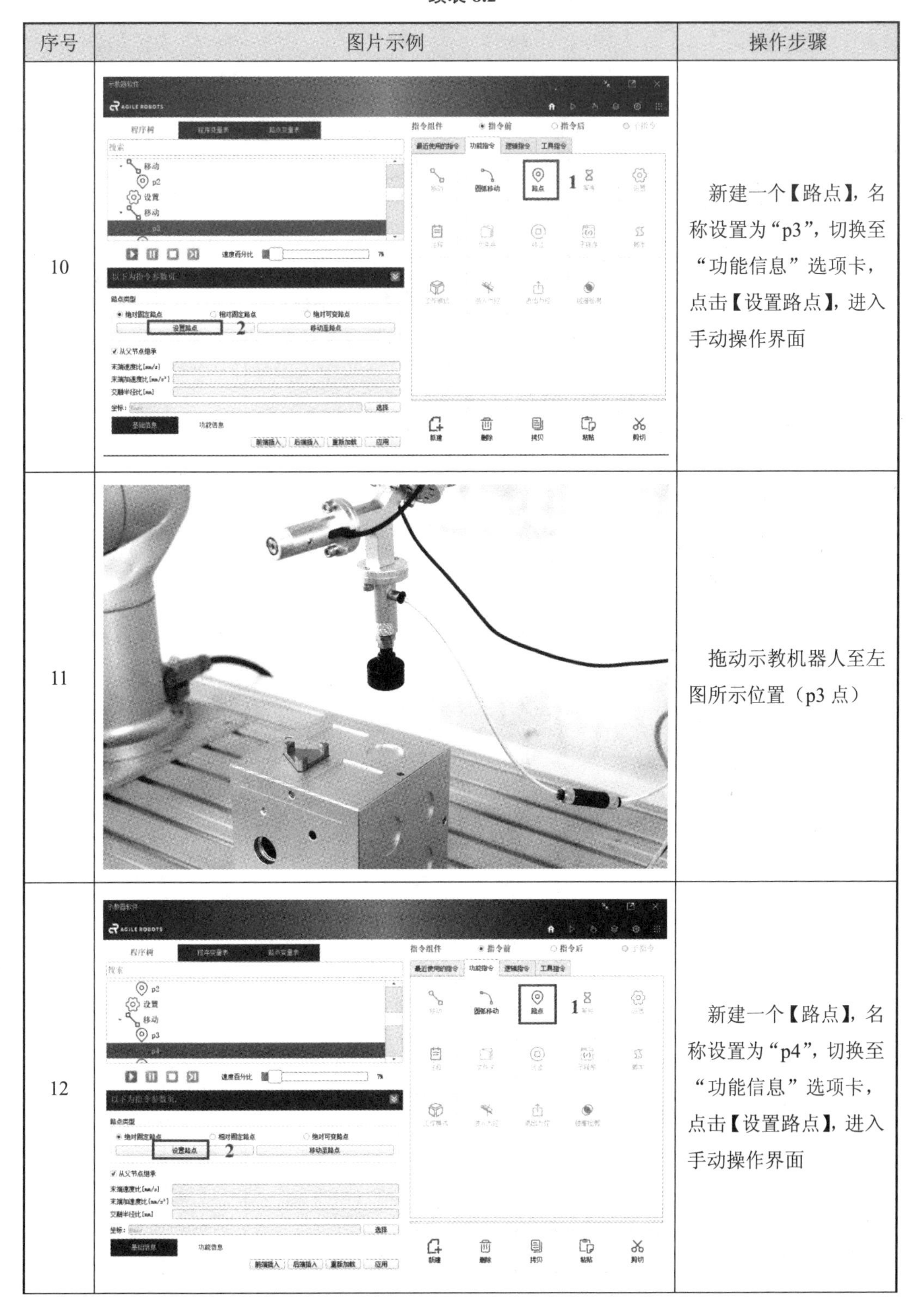

序号	图片示例	操作步骤
10		新建一个【路点】，名称设置为“p3”，切换至“功能信息”选项卡，点击【设置路点】，进入手动操作界面
11		拖动示教机器人至左图所示位置（p3 点）
12		新建一个【路点】，名称设置为“p4”，切换至“功能信息”选项卡，点击【设置路点】，进入手动操作界面

续表 8.2

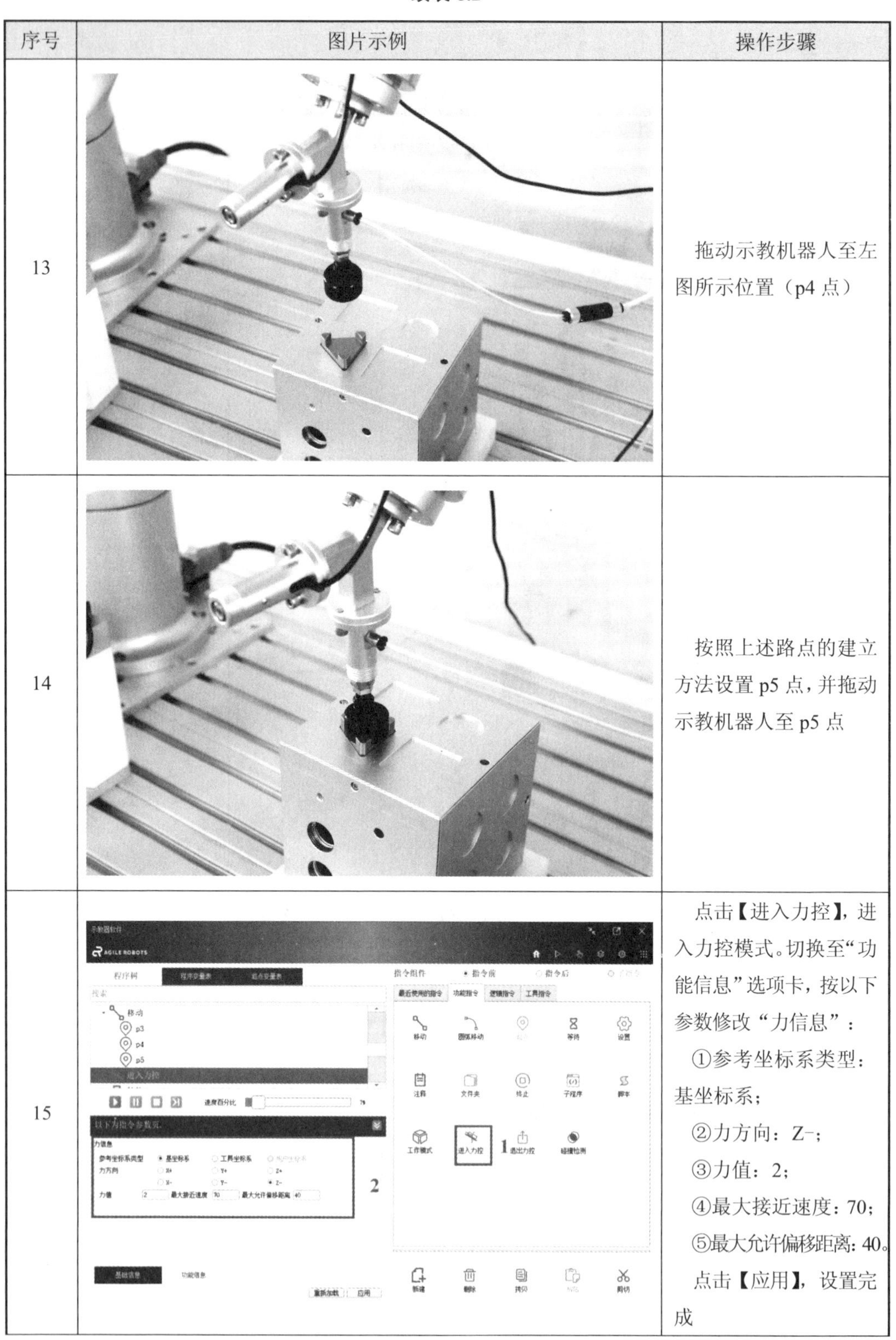

序号	图片示例	操作步骤
13		拖动示教机器人至左图所示位置（p4 点）
14		按照上述路点的建立方法设置 p5 点，并拖动示教机器人至 p5 点
15		点击【进入力控】，进入力控模式。切换至“功能信息”选项卡，按以下参数修改“力信息”： ①参考坐标系类型：基坐标系； ②力方向：Z−； ③力值：2； ④最大接近速度：70； ⑤最大允许偏移距离：40。 点击【应用】，设置完成

续表 8.2

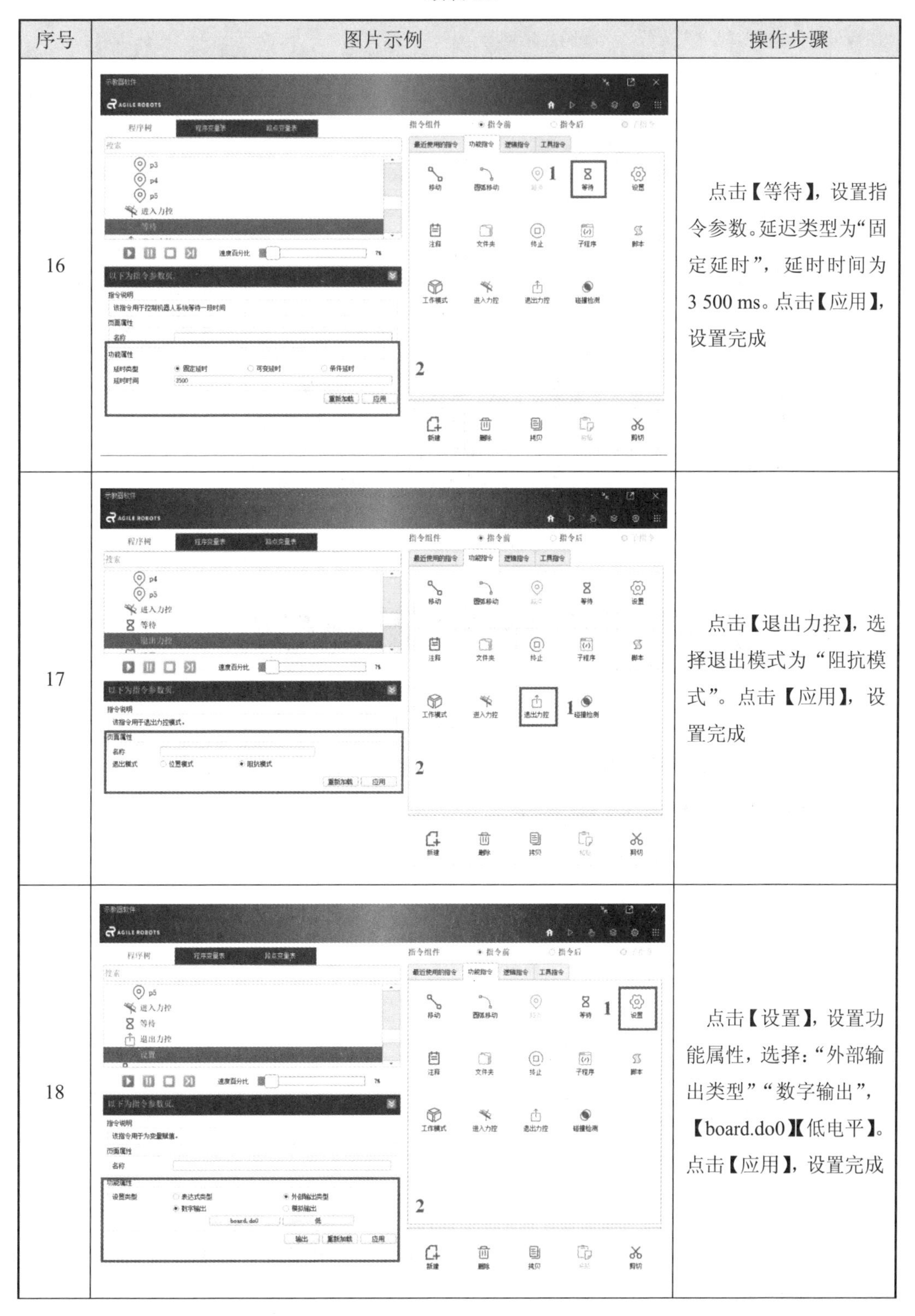

序号	图片示例	操作步骤
16		点击【等待】，设置指令参数。延迟类型为“固定延时”，延时时间为 3 500 ms。点击【应用】，设置完成
17		点击【退出力控】，选择退出模式为“阻抗模式”。点击【应用】，设置完成
18		点击【设置】，设置功能属性，选择：“外部输出类型”“数字输出”，【board.do0】【低电平】。点击【应用】，设置完成

续表 8.2

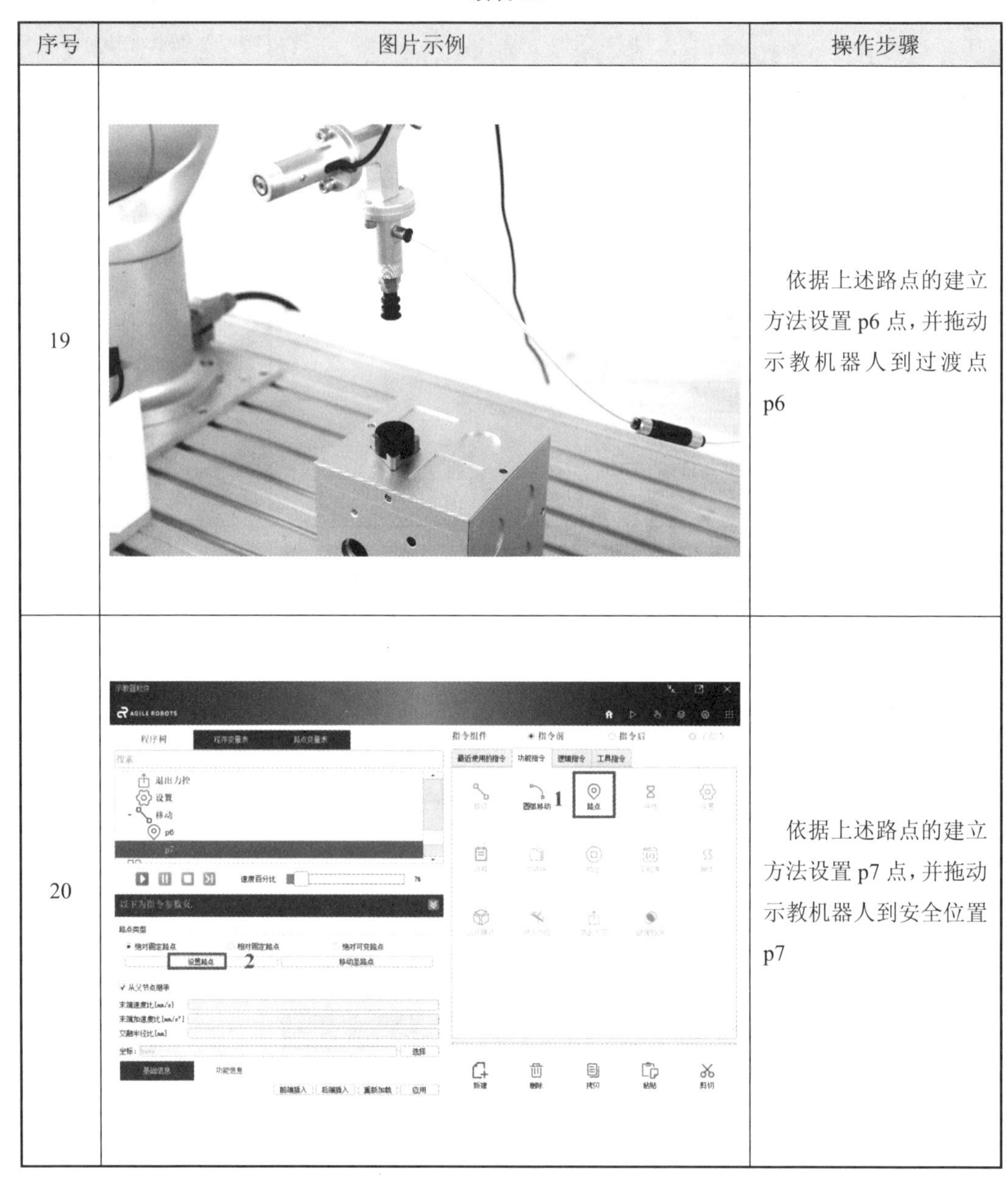

序号	图片示例	操作步骤
19		依据上述路点的建立方法设置 p6 点，并拖动示教机器人到过渡点 p6
20		依据上述路点的建立方法设置 p7 点，并拖动示教机器人到安全位置 p7

8.4.4 关联程序设计

本项目无需关联程序设计。

8.4.5 项目程序调试

选择相应程序，点击【▶】（运行）按钮，如果当前机械臂不在第一个路点的位置，系统弹出的移动至初始路点的提示框。程序调试界面如图 8.9 所示。

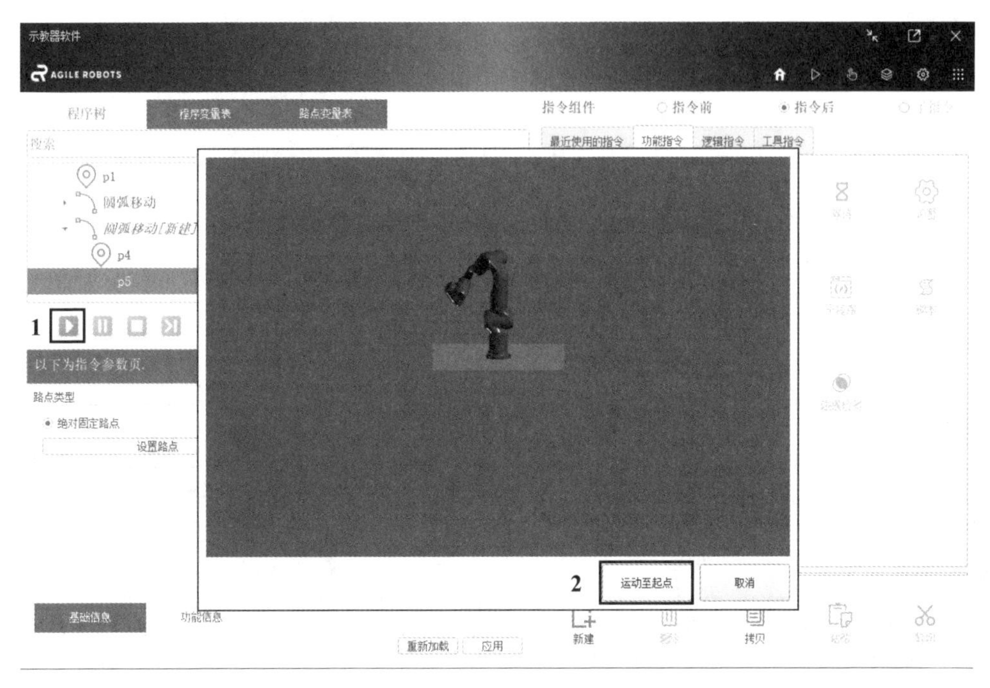

图 8.9　程序调试界面

8.4.6　项目总体运行

程序运行：机器人移动至初始点后，调整速度百分比，然后点击运行。程序运行过程中可以停止或者暂停，暂停之后点击恢复可以继续运行。

当勾选循环执行时，若执行顺序到达该程序的最后一条指令且该指令执行完毕，则重新运行完整的该程序。程序运行界面如图 8.10 所示。

图 8.10　程序运行界面

8.5 项目验证

8.5.1 效果验证

项目完成后，得到的效果应如图 8.11 所示。尖锥夹具从起始点运动到过渡点后，直线运动到正方形的第一点，模拟装配搬运，然后按照图 8.11 所示的路径进行运动，最后回到起始点。

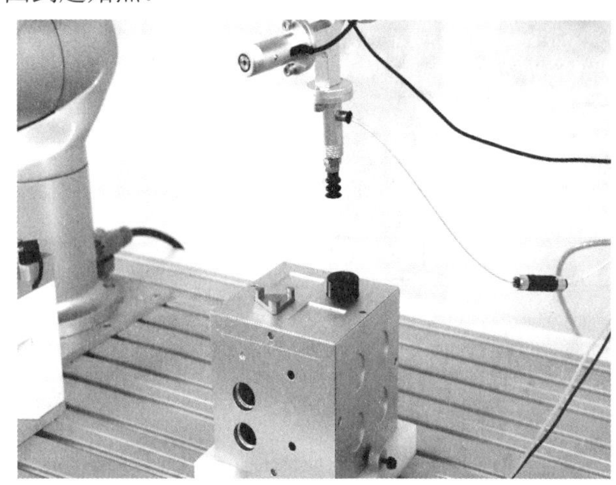

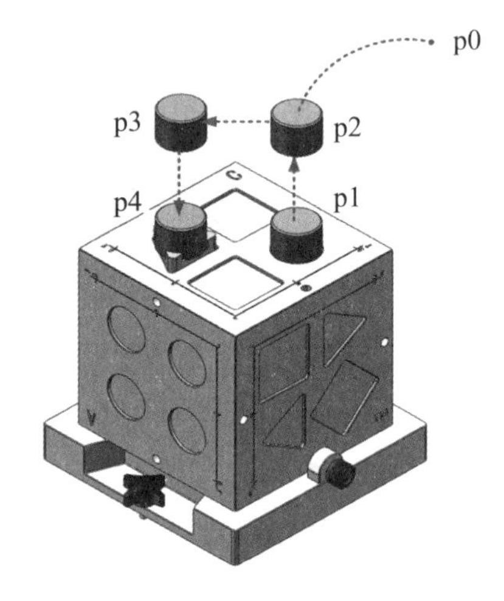

图 8.11 效果验证

8.5.2 数据验证

程序编写完成后，在指令参数页的“功能信息”选项卡下，持续按【移动至路点】，可查看每一点的位姿数据，通过点位信息也可验证程序的可行性，如图 8.12 所示。

以下为指令参数页.

路点类型

绝对固定路点 相对固定路点 绝对可变路点

设置路点 移动至路点 2

从父节点继承

关节角速度比[%]

关节角加速度比[%]

交融半径比[%]

坐标：Base 选择

基础信息 功能信息 1

前端插入 后端插入 重新加载 应用

图 8.12 数据验证

8.6　项目总结

8.6.1　项目评价

本项目基于综合功能模块，主要介绍了机器人的力控指令应用和轨迹运动，通过本项目的训练，可实现以下目的：

（1）学会使用机器人轨迹运动指令。

（2）学会使用机器人力控指令。

8.6.2　项目拓展

通过本项目的学习，可以对项目进行以下拓展：

将综合功能模块与多工位旋转模块相结合，通过光电传感器检测到信号之后，机器人将多工位旋转模块上的物料搬运到综合功能模块的相应位置。

第9章　多工位旋转项目应用

※ 多工位旋转项目目的

9.1　项目概况

9.1.1　项目背景

步进电机的控制系统由控制器、步进驱动器和步进电机组成。图 9.1 所示的工位旋转项目是一个基于 PLC 的步进电机运动控制系统。步进电机的运动控制是指 PLC 通过输出脉冲对步进电机的运动方向、运动速度和运动距离进行控制，实现对步进电机动作的准确定位。

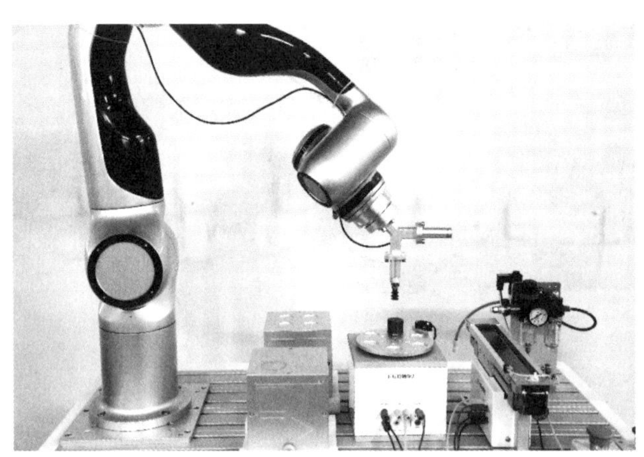

图 9.1　多工位旋转项目

9.1.2　项目需求

本项目通过 PLC 控制多工位旋转模块，步进电机是将电脉冲信号转变为角位移或线位移的开环控制元件。在非超载的情况下，电机的转速、停止的位置只取决于脉冲信号的频率和脉冲数，而不受负载变化的影响。当步进驱动器接收到一个脉冲信号时，步进电机就按设定的方向转动一个固定的角度，称为“步距角”，步进电机的旋转是以固定的角度一步一步运行的。

可以通过控制脉冲数来控制角位移量，从而达到准确定位的目的；同时可以通过控制脉冲频率来控制电机转动的速度和加速度，从而达到调速的目的。（PLC 程序本章暂不赘述。）

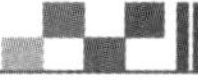

9.1.3　项目目的

通过对基于步进电机定位的多工位旋转项目的学习，可以实现以下学习目标。

（1）了解步进电机的原理和控制方法。

（2）掌握多工位旋转模块的基础编程方法。

9.2　项目分析

9.2.1　项目构架

项目的整体构架如图 9.2 所示，项目中需用到吸盘工具和光电传感器，吸盘工具和光电传感器分别与控制柜内的 IO 板进行电缆连接。电磁阀控制工具末端吸盘的气压，光电传感器用于检测物料到来的信号。控制系统从示教器中检出相应信息，将指令信号反馈给控制柜，使执行机构按要求的动作顺序进行轨迹运动。

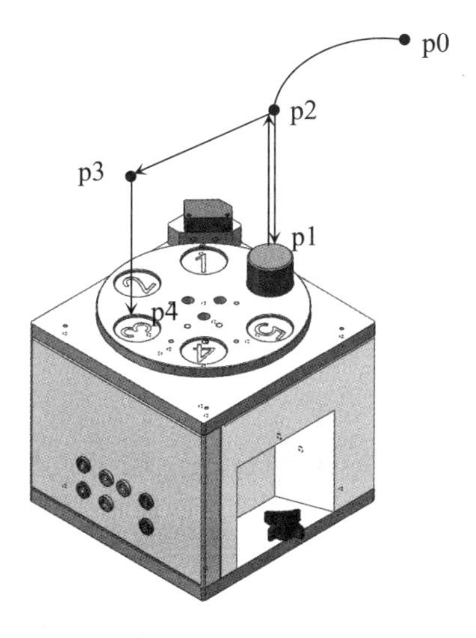

图 9.2　项目构架

9.2.2　项目流程

在基于步进电机定位的多工位旋转项目实施过程需要按照以下流程：

（1）对项目进行分析，可知此项目需正常通电，在驱动器收到 PLC 指令后，驱使步进电机转动。电机传递到转盘面板处。放置 1 个物料到任意工位，当转盘面板在正常转动时，对物料进行检测，并在指向标处停住，机器人抓取工件至另一工位处。

（2）搭建机器人系统。

（3）创建程序，编写程序，调试检查程序，确认无误后运行程序，观察程序运行结果。

基于步进电机定位的多工位旋转项目流程如图 9.3 所示。

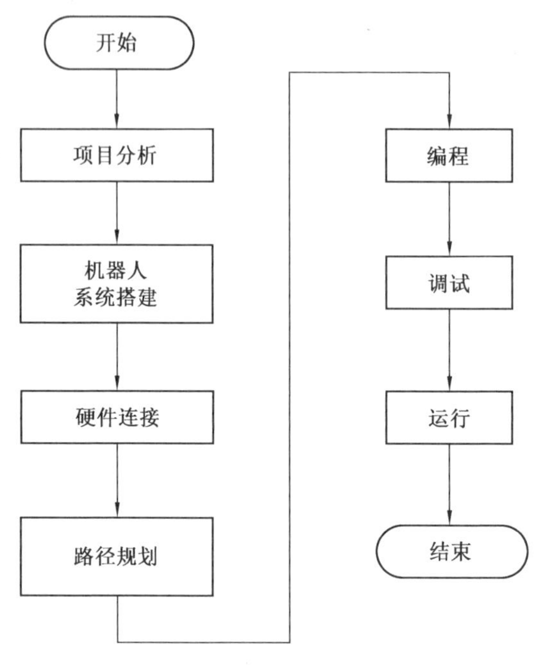

图 9.3　项目流程

9.3　项目要点

※ 多工位旋转项目要点

9.3.1　导入、导出

系统的程序或数据可导入本地计算机备份，也可从本地计算机备份导出的文件再导入系统。导入、导出界面如图 9.4 所示。

图 9.4　导入、导出界面

9.3.2　程序变量表

全局变量存在于全局变量表中，该变量表整个系统唯一，在全部程序中均可访问，无须继承。

程序变量存在于程序上下文的程序变量表中，该变量表每个程序上下文拥有一个，程序变量只能在当前程序上下文中访问，不可被继承。

临时变量存在于程序上下文的临时变量表中，该变量表每个程序上下文拥有一个，可以在当前程序上下文访问，且可以被异步子程序进行值继承。

当访问变量时，优先在程序变量表中查找，如果查找到则直接返回，否则再去全局变量表中查找；如果查找到则直接返回，否则新建一个临时变量，并初始化该变量为 0。

若在程序变量表中新建了一个与全局变量同名的程序变量，则访问时将只能访问该程序变量。

系统变量表（即程序变量表）如图 9.5 所示。

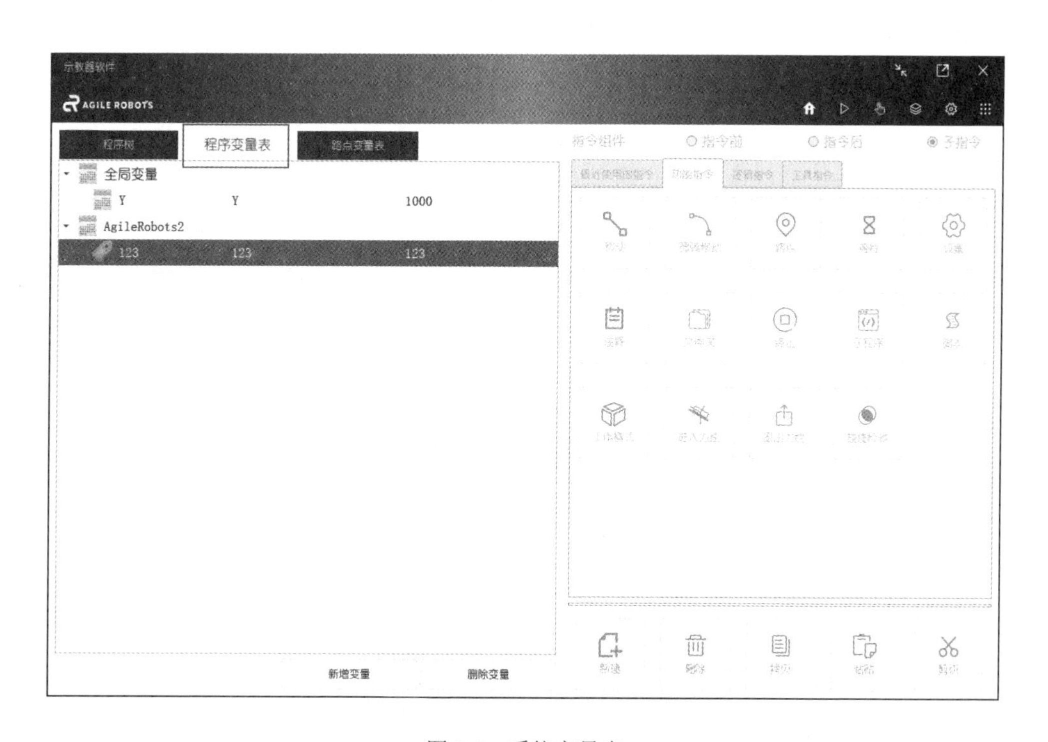

图 9.5　系统变量表

9.4 项目步骤

※ 多工位旋转项目步骤

9.4.1 应用系统连接

应用系统连接如图 9.6 所示。

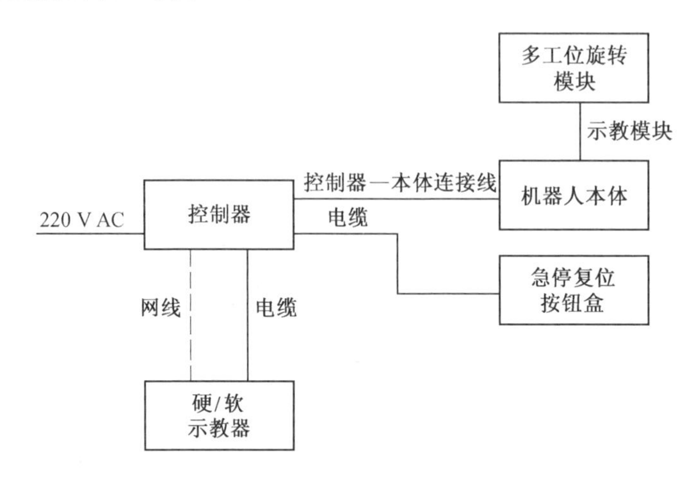

图 9.6 应用系统连接

多工位旋转模块插线面板简介如下。

模块包含：步进电机、编码器、接近传感器、快插式面板以及转盘面板等零部件，且转盘面板设置有 6 个圆形沉槽工位（设有数字编号，且带细线标刻）。面板采用插线式接线，多工位旋转模块的接线面板如图 9.7 所示。多工位旋转模块的接线面板功能说明见表 9.1。

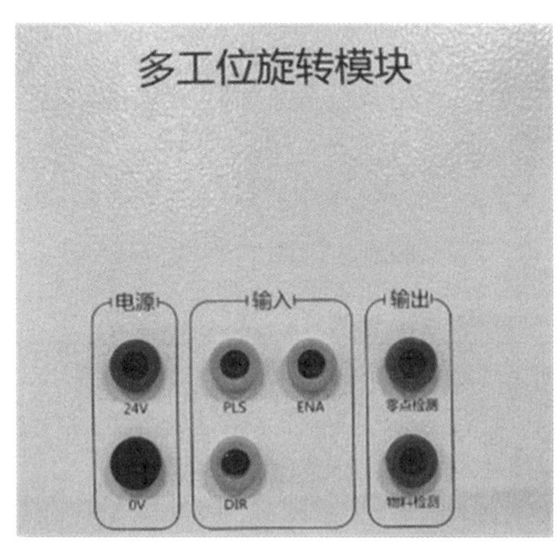

图 9.7 多工位旋转模块的接线面板

表 9.1　多工位旋转模块的接线面板功能说明

序号	模块端	外接端	说明
1	PLS	Q0.0（PLC 输出）	脉冲
2	DIR	Q0.1（PLC 输出）	方向
3	零点检测	I0.0（PLC 输入）	零点检测
4	物料检测	I0.1（PLC 输入）	物料检测
5	24V	24 V（面板 24 V 电源）	外部供电
6	0V	0 V（面板 0 V 电源）	外部供电

9. 4. 2　应用系统配置

在完成应用系统连接后，需新建程序，操作步骤见表 9.2。

表 9.2　新建程序操作步骤

序号	图片示例	操作步骤
1	TeachPendantUI	双击桌面图标“TeachPendantUI”，打开软件主界面
2	重启机器人服务 登录 Switch to English 关于	打开示教器软件，选择主菜单的“登录”

续表 9.2

序号	图片示例	操作步骤
3		通过示教器的“编程”图标进入编程界面
4	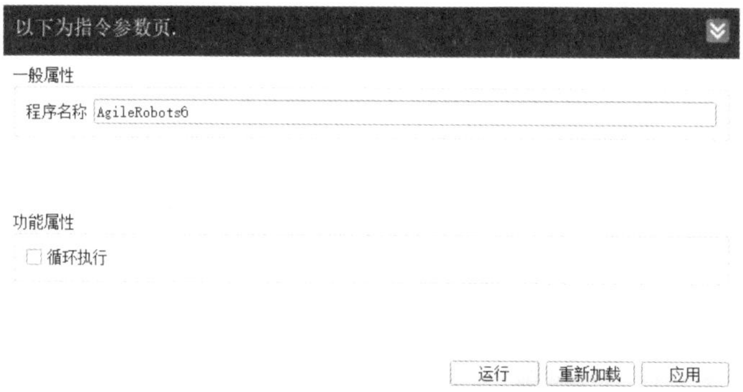	通过新建指令新增一个程序“AgileRobots6”，该程序作为程序树的一个树干存在

9.4.3 主体程序设计

主体程序设计的操作步骤见表 9.3。

表 9.3 主体程序设计的操作步骤

序号	图片示例	操作步骤
1		（1）点击【移动】，指令参数页可设置名称、移动类型 MoveJ、关节速度、关节加速度和交融半径。 （2）设置完相关参数后，点击【应用】

续表 9.3

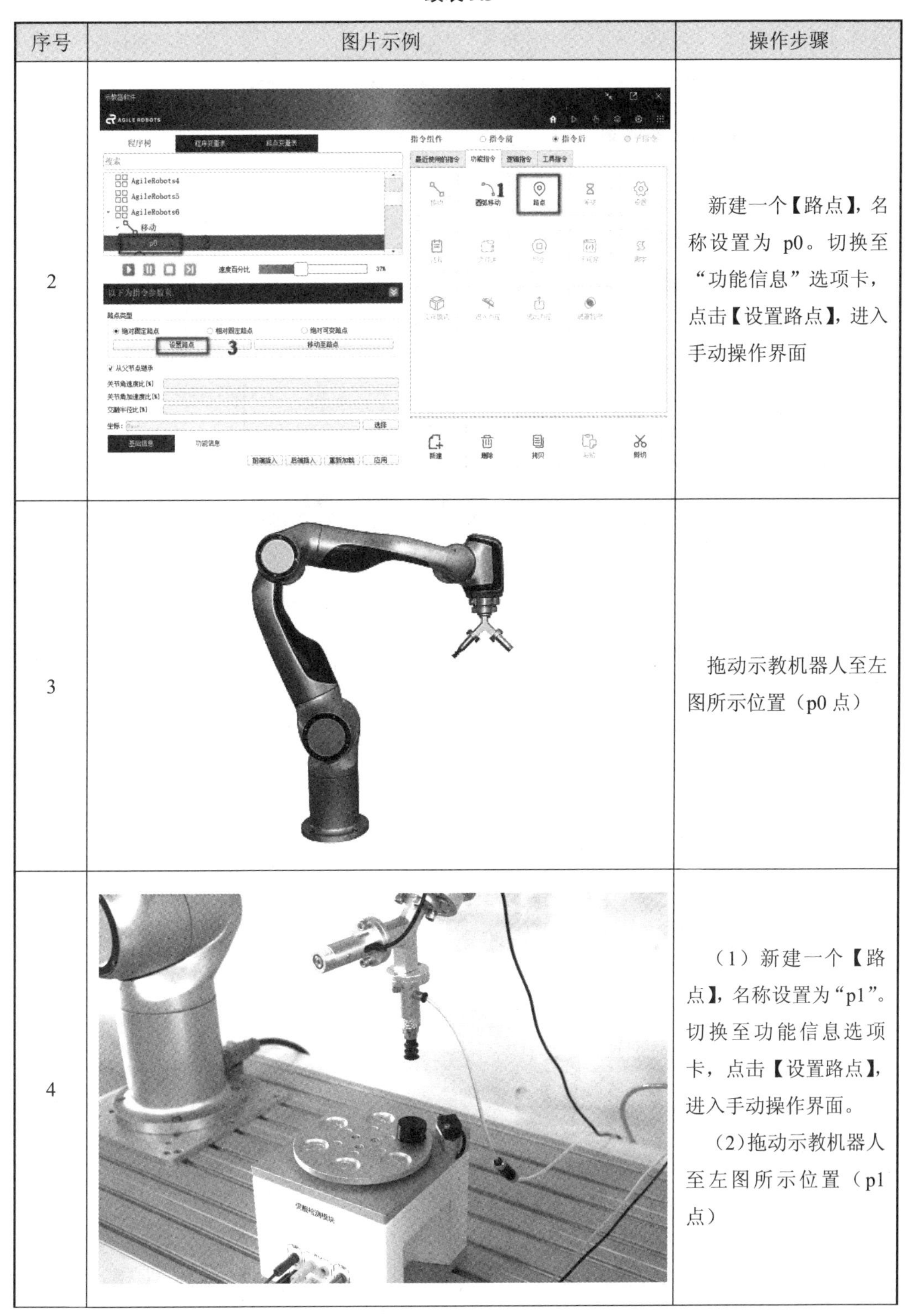

序号	图片示例	操作步骤
2		新建一个【路点】，名称设置为 p0。切换至“功能信息”选项卡，点击【设置路点】，进入手动操作界面
3		拖动示教机器人至左图所示位置（p0 点）
4		（1）新建一个【路点】，名称设置为“p1”。切换至功能信息选项卡，点击【设置路点】，进入手动操作界面。 （2）拖动示教机器人至左图所示位置（p1 点）

续表 9.3

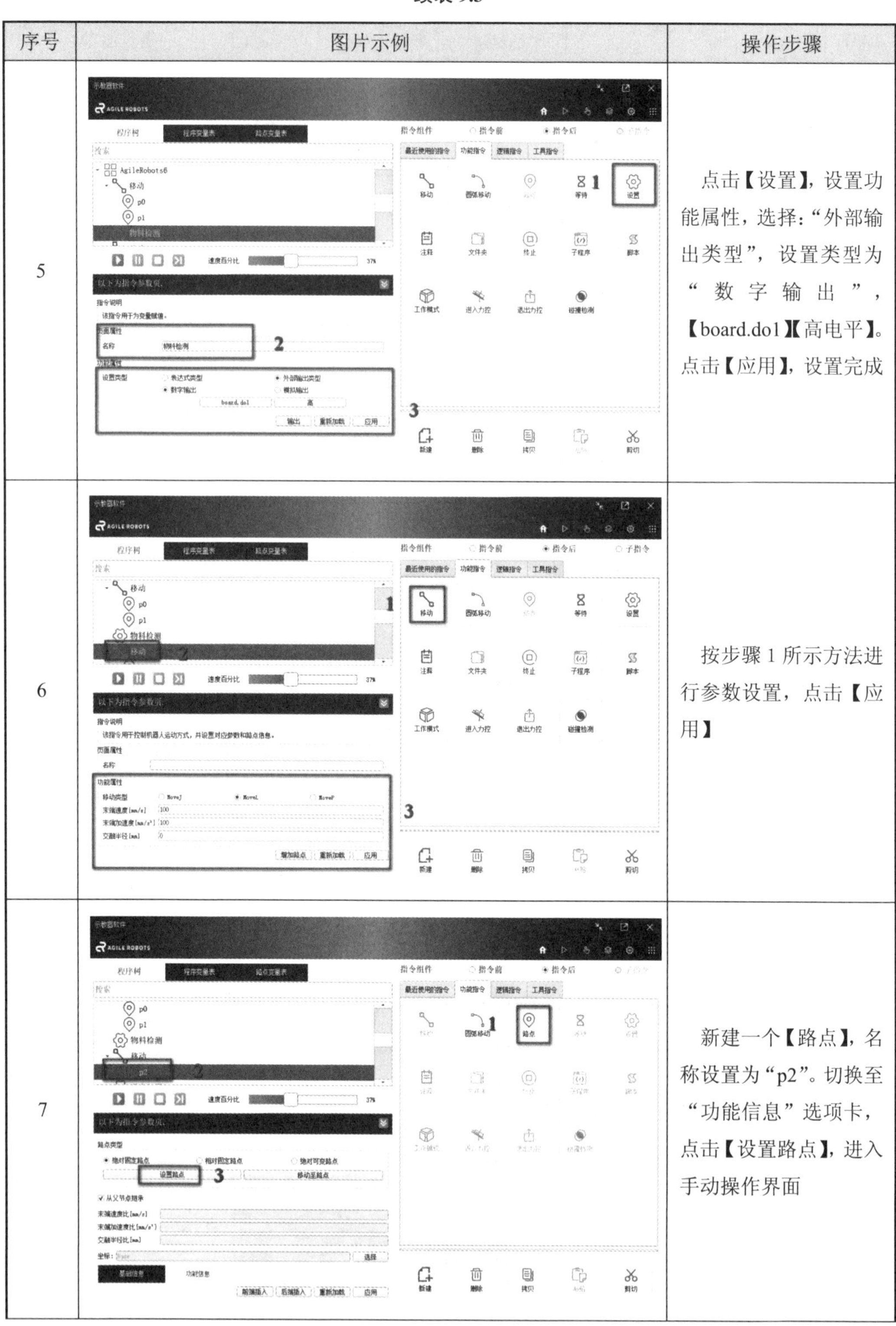

序号	图片示例	操作步骤
5		点击【设置】，设置功能属性，选择：“外部输出类型”，设置类型为“数字输出”，【board.do1】【高电平】。点击【应用】，设置完成
6		按步骤 1 所示方法进行参数设置，点击【应用】
7		新建一个【路点】，名称设置为“p2”。切换至“功能信息”选项卡，点击【设置路点】，进入手动操作界面

续表 9.3

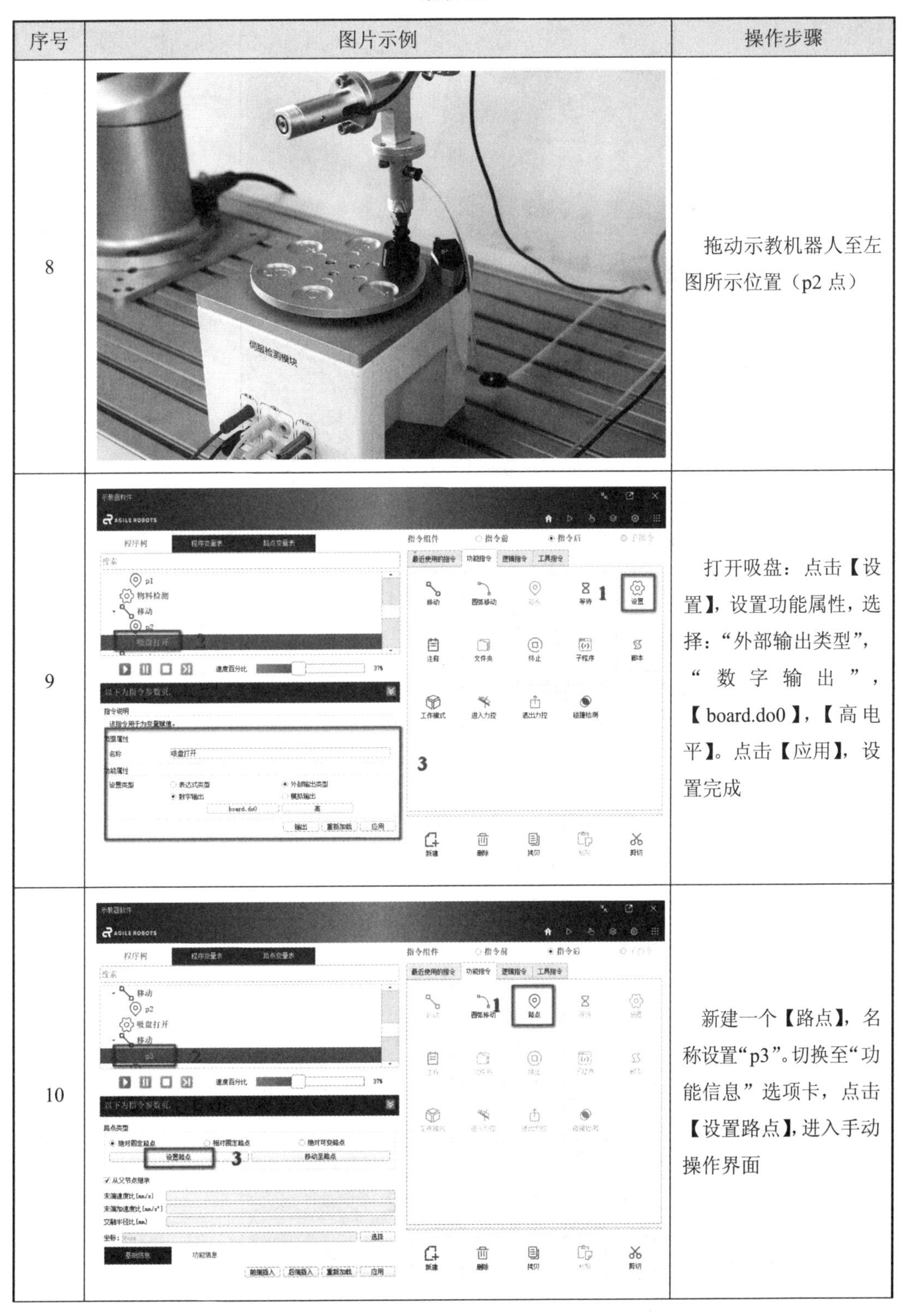

序号	图片示例	操作步骤
8		拖动示教机器人至左图所示位置（p2 点）
9		打开吸盘：点击【设置】，设置功能属性，选择："外部输出类型"，"数字输出"，【board.do0】，【高电平】。点击【应用】，设置完成
10		新建一个【路点】，名称设置"p3"。切换至"功能信息"选项卡，点击【设置路点】，进入手动操作界面

续表 9.3

序号	图片示例	操作步骤
11	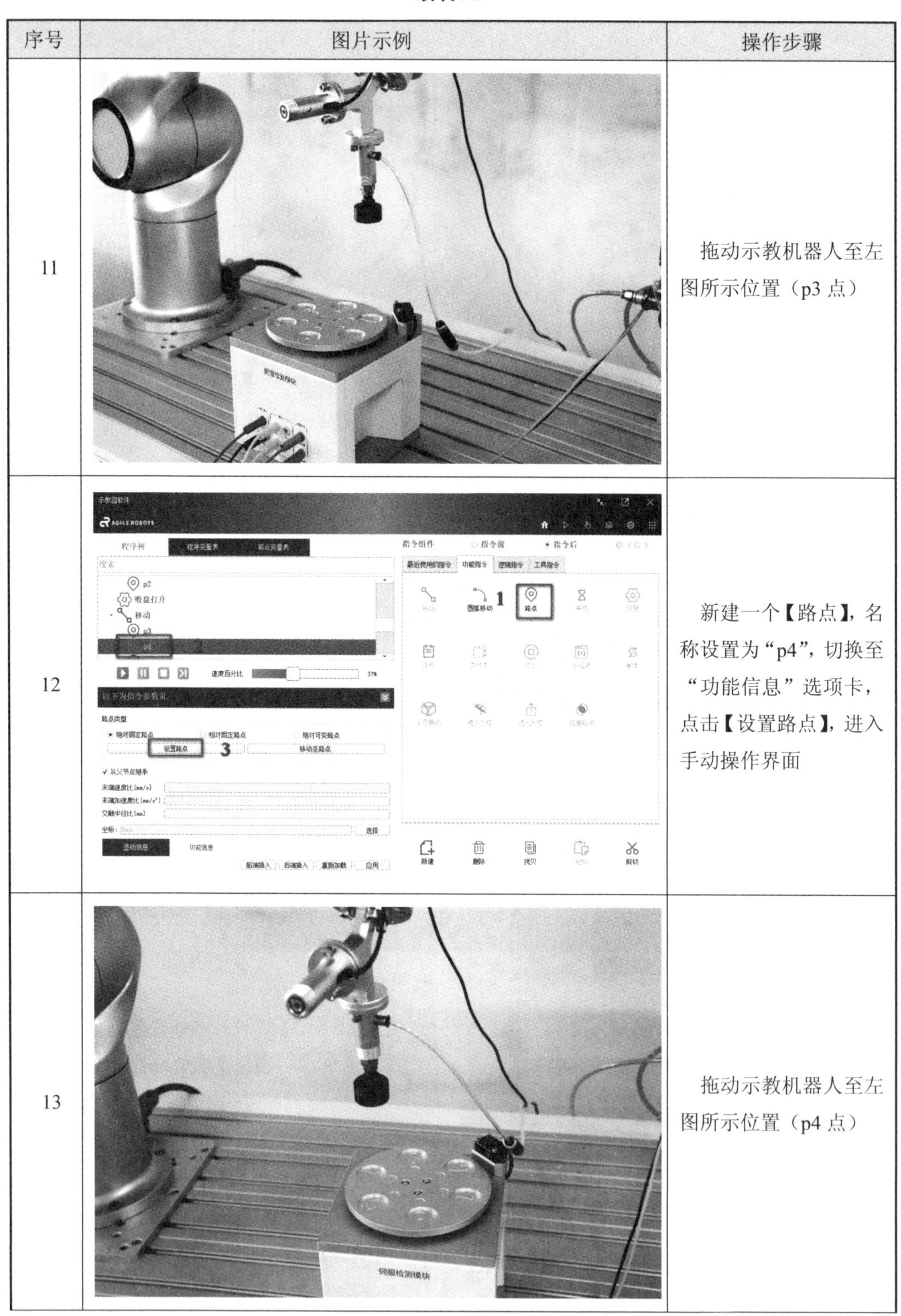	拖动示教机器人至左图所示位置（p3 点）
12		新建一个【路点】，名称设置为“p4”，切换至“功能信息”选项卡，点击【设置路点】，进入手动操作界面
13		拖动示教机器人至左图所示位置（p4 点）

续表 9.3

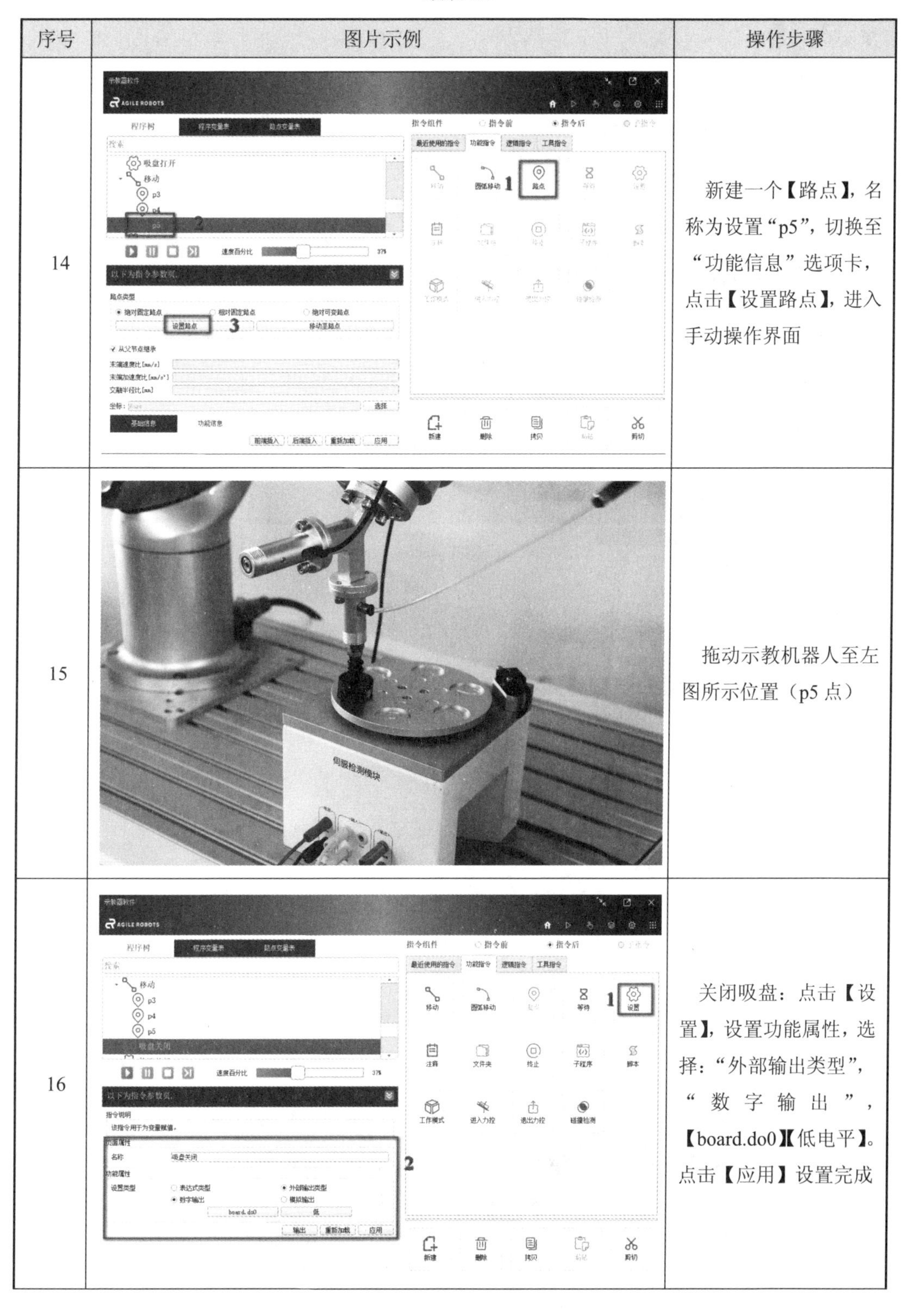

序号	图片示例	操作步骤
14		新建一个【路点】，名称为设置“p5”，切换至“功能信息”选项卡，点击【设置路点】，进入手动操作界面
15		拖动示教机器人至左图所示位置（p5 点）
16		关闭吸盘：点击【设置】，设置功能属性，选择：“外部输出类型”，“数字输出”，【board.do0】【低电平】。点击【应用】设置完成

续表 9.3

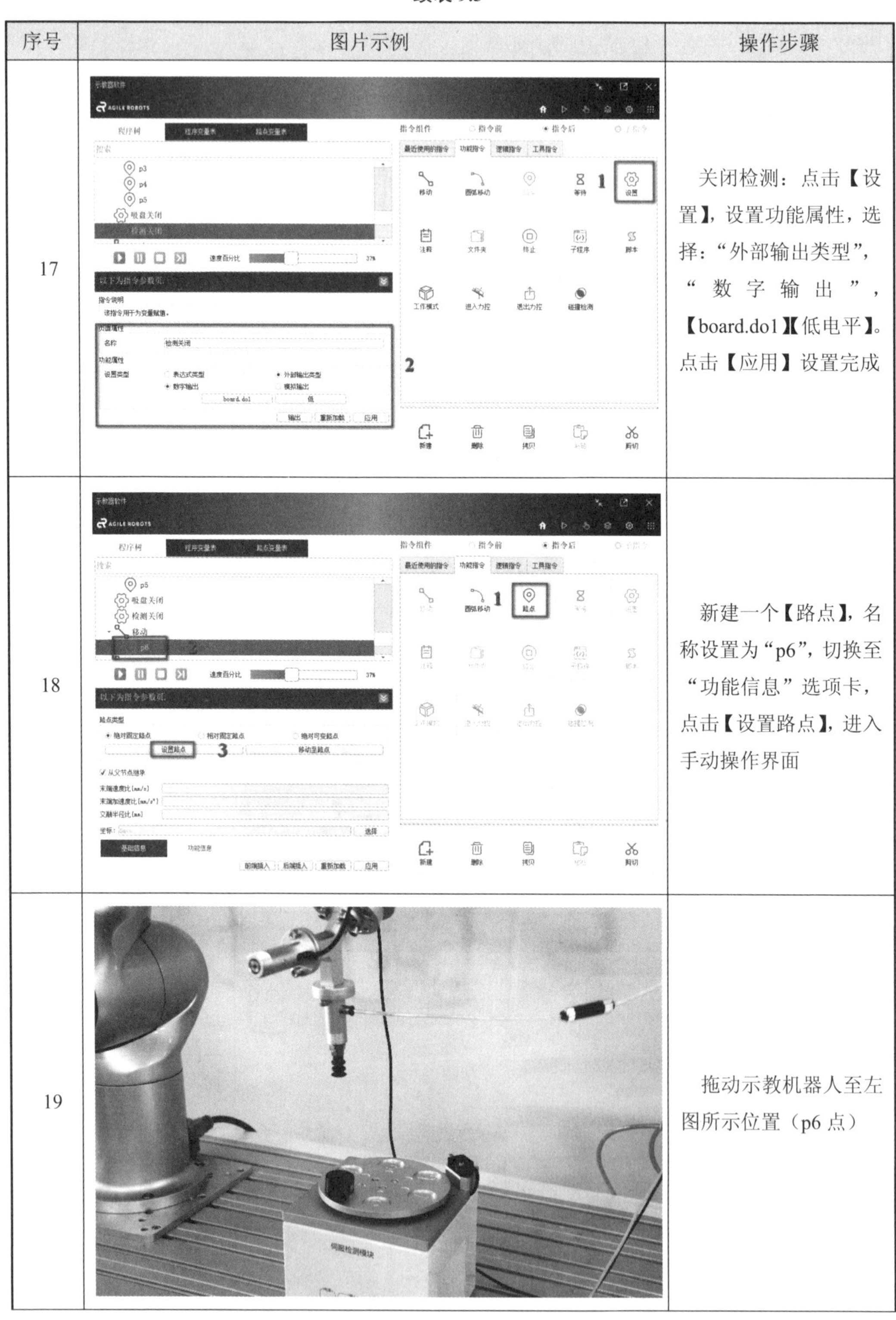

序号	图片示例	操作步骤
17		关闭检测：点击【设置】，设置功能属性，选择："外部输出类型"，"数字输出"，【board.do1】【低电平】。点击【应用】设置完成
18		新建一个【路点】，名称设置为"p6"，切换至"功能信息"选项卡，点击【设置路点】，进入手动操作界面
19		拖动示教机器人至左图所示位置（p6 点）

续表 9.3

序号	图片示例	操作步骤
20	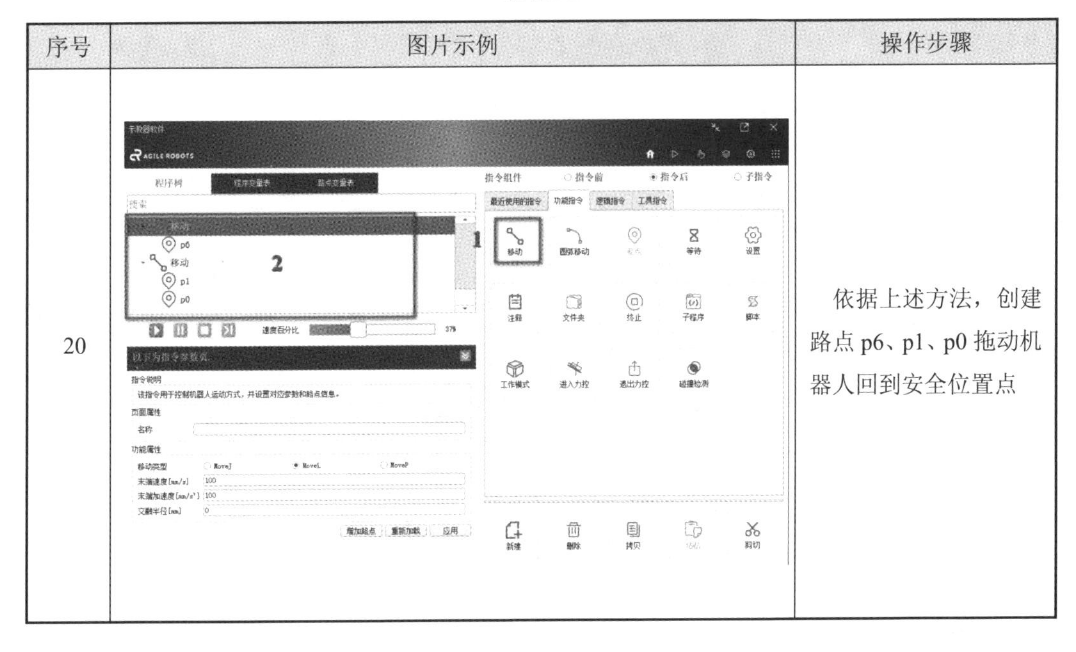	依据上述方法，创建路点 p6、p1、p0 拖动机器人回到安全位置点

9.4.4　关联程序设计

本项目的关联程序是程序的导入、导出，其操作步骤见表 9.4。

表 9.4　程序导入、导出的操作步骤

序号	图片示例	操作步骤
1	登出 导入 导出 保存 Switch to English 关于	点击右上角【】图标，保存所有的配置信息

续表 9.4

序号	图片示例	操作步骤
2	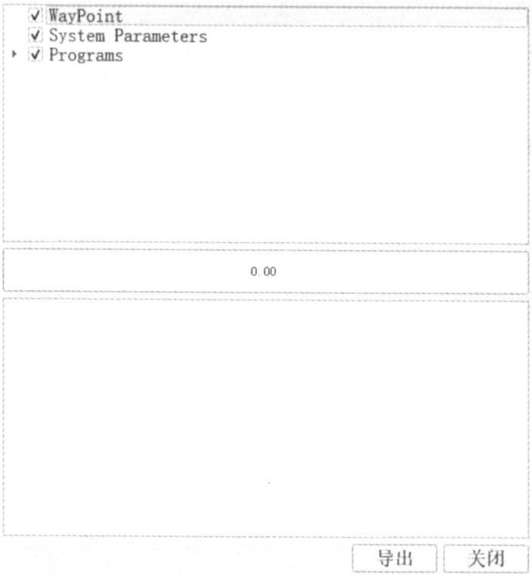	选择“导出”，勾选所有的选项，点击【导出】按钮，弹出保存文件夹的位置，导出完成
3		导入文件时，点击【新建工程】
4		选择“导入”，选择要导入的文件压缩包

续表 9.4

序号	图片示例	操作步骤
5	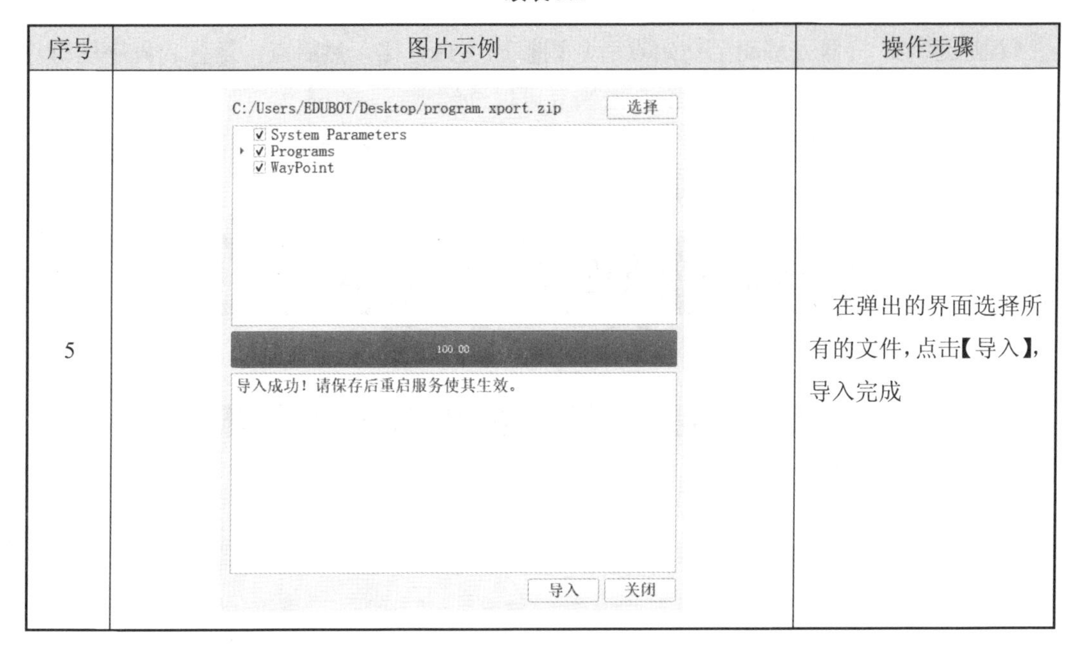	在弹出的界面选择所有的文件，点击【导入】，导入完成

9.4.5　项目程序调试

选择相应的程序，点击【▶】（运行）按钮，如果当前机械臂不在第一个路点的位置，则系统弹出移动至初始路点的提示框。程序调试界面如图 9.8 所示。

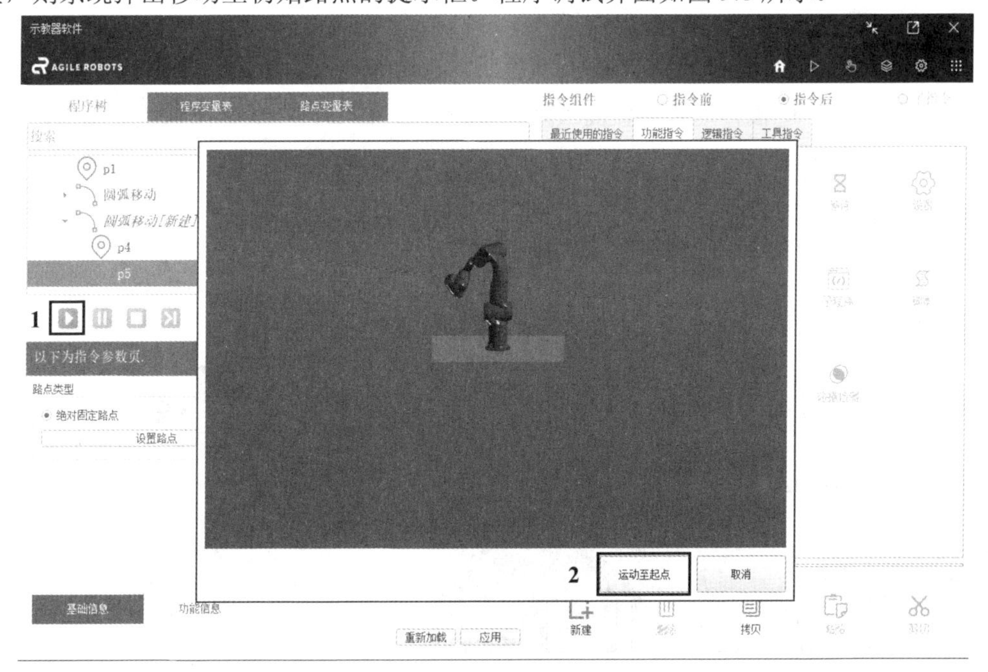

图 9.8　程序调试界面

9.4.6　项目总体运行

程序运行：机器人移动至初始点后，调整速度百分比，然后点击运行。程序运行过程中可以停止或者暂停，暂停之后点击恢复可以继续运行。

当勾选循环执行时，若执行顺序到达该程序的最后一条指令且该指令执行完毕，则重新运行完整的该程序。程序运行界面如图 9.9 所示。

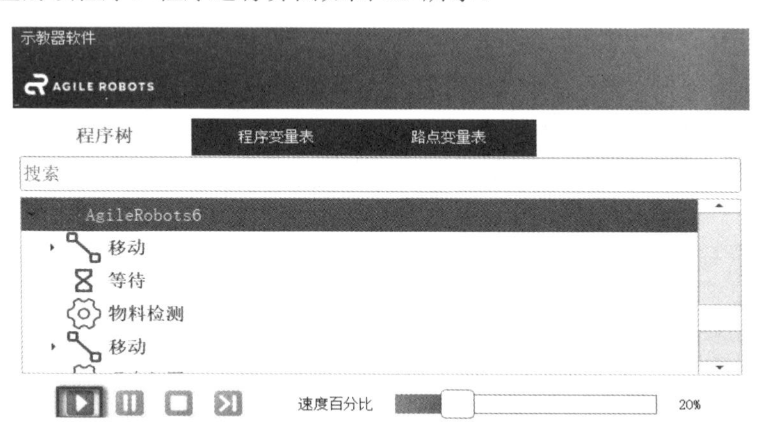

图 9.9　程序运行界面

9.5　项目验证

9.5.1　效果验证

项目完成后，得到的效果应如图 9.10 所示，正常通电后，驱动器收到 PLC 指令，驱使步进电机转动，电机传递到转盘面板处。事先放置 1 个圆柱状工件到任意工位，当转盘面板在正常转动时，对物料进行检测，并到指向标处停住，机器人抓取工件至其他模块处，最后回到起始点。

p0
p2
p3
p1
p4

图 9.10　效果验证

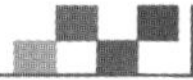

9.5.2　数据验证

程序编写完成后，在指令参数页的“功能信息”选项卡下，持续按【移动至路点】，可查看每一点的位姿数据，通过点位信息也可验证程序的可行性，如图 9.11 所示。

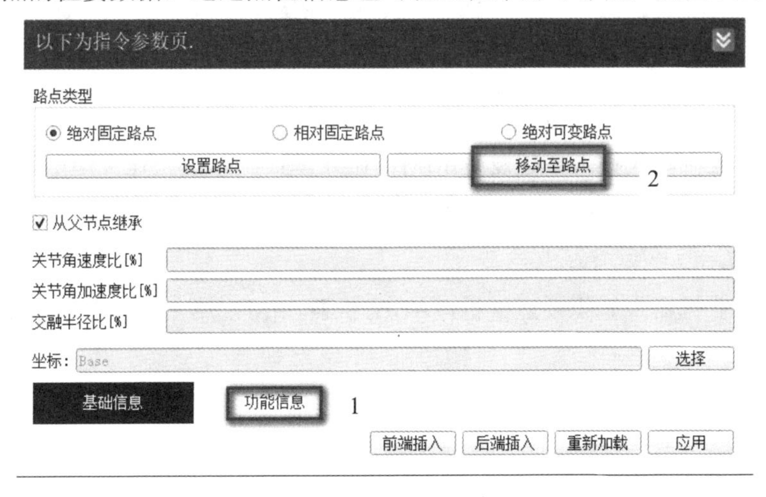

图 9.11　数据验证

9.6　项目总结

9.6.1　项目评价

本项目基于多工位旋转模块，通过本项目的训练，可实现以下目的：

（1）步进电机可配合机器人的需要设定旋转角度，学会机器人与伺服转盘的相互协作。

（2）掌握程序的导入、导出。

9.6.2　项目拓展

通过本项目的学习，可以对项目进行以下拓展：

多工位旋转模块与输送带模块结合，当多工位旋转模块检测到物料时，机器人抓取物料到输送带模块，输送带传输物料。

参考文献

[1] 张明文. 工业机器人基础与应用[M]. 北京：机械工业出版社，2018.
[2] 张明文. 工业机器人技术基础及应用[M]. 哈尔滨：哈尔滨工业大学出版社，2017.
[3] 张明文. 工业机器人入门实用教程：FANUC 机器人[M]. 哈尔滨：哈尔滨工业大学出版社，2017.
[4] 张明文. 工业机器人知识要点解析：ABB 机器人[M]. 哈尔滨：哈尔滨工业大学出版社，2017.

观看教学视频

步骤一

登录“技皆知网”

www.jijiezhi.com

步骤二

搜索教程对应课程

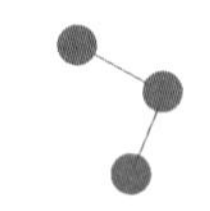

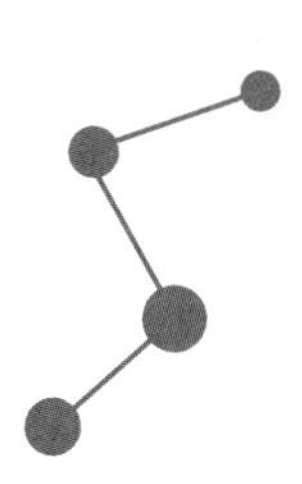

咨询与反馈

尊敬的读者：

感谢您选用我们的教程！

本书有丰富的配套教学资源，凡使用本书作为教程的教师可咨询有关实训装备事宜。在使用过程中，如有任何疑问或建议，可通过电子邮箱（market@jijiezhi.com）或扫描右侧二维码，提交咨询信息。

（书籍购买及反馈表）